教えてゲッチョ先生！

雑木林のフシギ？

盛口 満
Mitsuru MORIGUCHI

オニフスベ

【ドングリ虫】

ドングリには、ハイイロチョッキリやシギゾウムシの仲間が産卵する。孵化した幼虫は、ドングリの中身を食べて成長する。

①コナラのドングリに穴を開けるハイイロチョッキリ

②穴が開くとお尻を当てて産卵する

③産卵したドングリは枝ごと切り落とす

④地上に落ちたドングリつきの小枝

⑤ドングリを切ってみると、中に卵がある

⑥すっかりドングリの中身を食べ尽くした幼虫

【ドングリとその仲間たち】

大きいものから小さいものまで、丸いのや細長いもの、ハカマの形もいろいろだ。ドングリは、昔は食料としても身近な存在だった。

クリ

オニグルミ

ツノハシバミ

ヤマノイモのムカゴ

【秋のごちそう】

クルミ、クリ、ツノハシバミ。秋の野山は実りでいっぱいだ。人間だけでなく、さまざまな生き物たちも、それらの実りの恩恵にあずかっている。

【冬の百面相】

冬の雑木林は一見さみしい。ところがよく見ると、春を待つ木々たちの個性的な声が、それぞれの冬芽から聞こえてきそう。

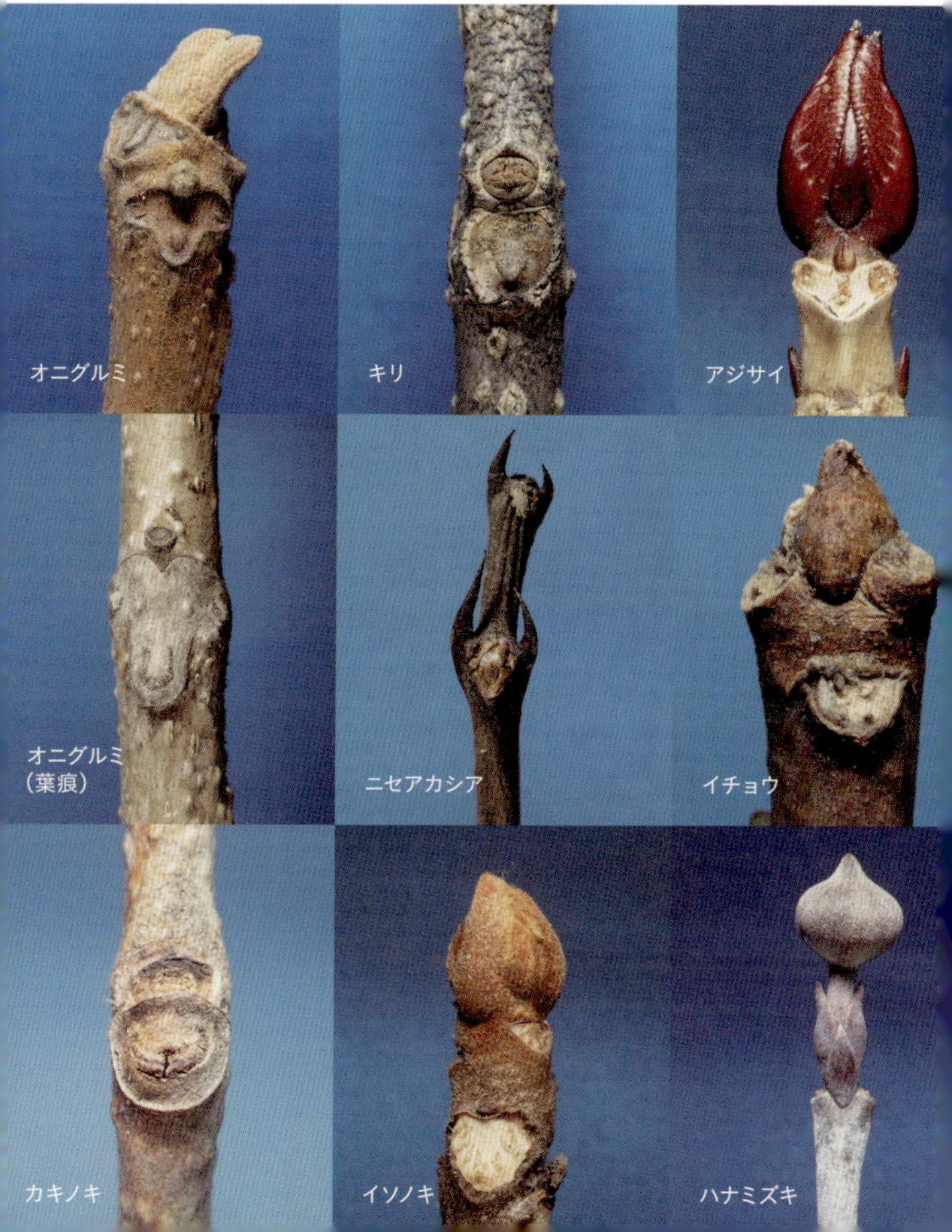

【だれが犯人？】

動物たちはふだんひっそり暮らしている。彼らの姿は見えなくても、林の中の落とし物から、動物たちの暮らしの一端が垣間見える

樹上のホンドリス

リスはマツボックリが大好きだ。脂肪分に富むタネを食べた後、木の下に落とすマツボックリの食べかすは、まるでエビフライのよう

タヌキは決まった場所でフンをする習性がある。そのタメフンから彼らの食事のメニューをのぞいてみる。冬に多いのはヤブランのタネ

ケモノ道をゆくタヌキ

堅い殻を持つオニグルミを食べることができる動物は限られている。殻の両端に穴が開いていれば、それはアカネズミの仕業

ジャンプするアカネズミ

【水たまりの命】

雑木林の小道。ちょっとした水たまり。三日月形のサンショウウオの卵のうが姿を見せれば、林はもう春。隠れていた命があふれ出す

トウキョウサンショウウオ

ヤマケイ文庫

教えてゲッチョ先生！

雑木林のフシギ

Moriguchi Mitsuru

盛口 満

Yamakei Library

雑木林へようこそ

千葉の海辺で生まれた僕が、雑木林を身近に感じるようになったのは、埼玉県飯能市にある、私立自由の森学園の教員になってからのことだった。

「この学校で先生をしたい」

雑木林に囲まれた高台に建つ学校を見たとき、僕は強くそう思った。以後15年間、雑木林はいつも身近な場所であり続けた。

雑木林は本来、人が利用してきた林だ。薪や炭、シイタケのホダ木用にと伐採が繰り返された林。その雑木林の周囲も田んぼや畑、竹林にクワ畑、そして植林地といずれも人くさい自然ばかり。その中にあって、人々はさまざまな木々や草花、動物たちをも利用してきた。でも僕も含めて、学校に集まった生徒たちは雑木林のシロウトばかり。本来の自然の利用も忘れ去られていく中、僕たちは自分たちなりにひとつひとつ、雑木林のおもしろさを発見していった。

雑木林周辺は、それと気づかず多彩な生き物たちが集う場になっている。彼らからしたら、逆に人間が作り出した自然環境をちゃっかり利用しているわけ。そんな相互の結びつきを、ときに歴史もひもときながら、雑木林で探してみよう。

目次

第4章　果物は多国籍

第1章 ドングリの木の下で

クヌギの花

ドングリって何？

「ドングリってどんなの知ってる？」

学校の授業でそう聞いてみた。

「丸いやつ」

「細長いやつ」

そんな答えが返ってきて「うーん」と思う。

僕の学校は高台の上に建っている。その高台の斜面を覆うのは、雑木林やスギの植林地。学校の敷地の中にさえ、雑木林がある。それでも生徒たちの多くは、ドングリをつける木の名前を知らなかったりする。

「ドングリをつけるのはドングリの木でしょ」

そんなふうに言ったりもする。

生徒たちの言葉を借りれば、「ドングリの木」は、雑木林の主役たちだ。埼玉県にある僕の学校周辺の雑木林で言えば、コナラやクヌギが、そんな「ドングリの木」。コナラやクヌギの名前ぐらい知っててよ、なんて思わず言いそうになってしまった。

でも自分の子供のころをふと思い返してみた。僕が子供のころ、コナラやクヌギを知っていただろうか？

クヌギが丸いドングリをつけることは知っていた。でもそれは本の中だけ。クヌギは僕のあこがれのドングリだった。千葉の僕の実家周辺には、クヌギがなかったから。そしてコナラは名前も知らなかった。思い返せば、僕も生徒たちと同じだったのだ。

そんな子供時代の僕も、秋になればドングリをしこたま拾った。そのころの僕にとって「ドングリの木」と言えば、家の庭にもあったマテバシイだ。細長いドングリをつけるマテバシイこそ、今も僕の心の中では、「ドングリの中のドングリ」だ。

日本は南北に細長い。そのため各地で拾えるドングリの正体は違う。生徒の発言をキッカケに、僕自身も「ドングリって何?」ということを、ハッキリわかっていないことに気がついた。

江戸時代の本を見てみると、ドングリとはクヌギの実のことを言う、と書いてある。しかも地方によって呼び名が違うともある。

埼玉の学校周辺では、ドングリのことをかつてはジンタンボウと呼んでいた。東北ではシダミ、信州ではジダングリという名が伝わっている。ドングリとはそもそも一地方の呼び名なのだ。やがてそれが標準名となるとともに、さまざまな地方の「ドングリの木」を吸収してゆく。

植物学的には、ブナ科のマテバシイ属とコナラ属のつける木の実がドングリだ。それが僕が調べて得た結論である。日本にはなんと17種もある。この全部の名前をそらで言える人は、そういなさそうだ。

コナラ

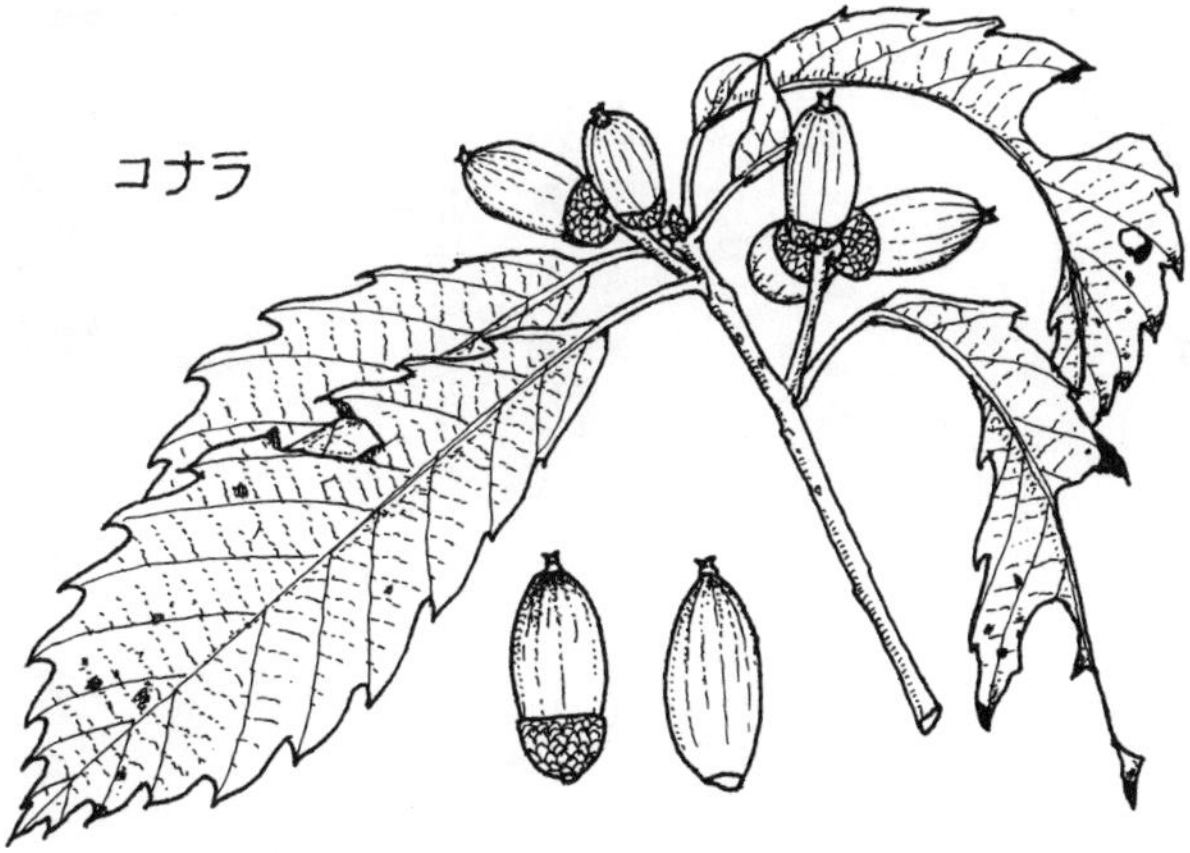

カシワって知ってる？【カシワ】

「カシワモチのカシワって知ってる？」

生徒たちにそう聞くと、みな一様に「うん」と言う。

「じゃあカシワって何の仲間？」

今度はそう聞くと、一様に「えっ？」という顔。

「カシワってビワの仲間？」

「モチでしか葉っぱ見たことないよ」

「何の仲間？　わかるわけないじゃん」

そんな答えが返ってきた。

この会話を笑いながら聞いていた、国語の教員のエントモさんが口を挟む。

「カシワってドングリの仲間でしょ」

カシワはブナ科、コナラ属の一員。だから「ドングリの木」のひとつだ。生徒たちがカシワを知らないのも無理はない。学校周辺の雑木林を歩きまわっても、カシワは1本も生えてはいない。ときに人家の庭にぽつんと植えてあるぐらいだ。これもそう大きくはなく、めだつ木とは言えない。

「えっ？　ドングリの仲間なの？　じゃあドングリつけるの？」

ケンタはさらにこう聞いてきた。

ドングリのハカマにはウロコ状の鱗片がある。カシワのドングリのハカマは鱗片が長く突き出ている。そんな点は、クヌギのドングリに似ている。

カシワは地方によっては珍しい木ではない。北海道に行ったとき、海岸林にカシワばかり生えていたのにはビックリした。南千島にも分布していると本にはあるから、「ドングリの木」の中でも、より北方に適した木なのだ。

エントモさんの出身は岩手県。そして彼女の家の近くでは、カシワは珍しいものではなかった。

「春先ね、カシワの葉っぱが落ちると本格的な春が来るの」

エントモさんはこうも言う。カシワは落葉樹だけれど、冬、枯れた葉は枝から落ちずにぶら下がったままでいる。その葉が落ちて新芽が芽吹きだすのが「春」。エントモさんの季節感のひとつをつくり出すほど、カシワが身近であったわけ。

「ねぇ、トリに似てるからカシワって言うの？」

今度はソナがこう聞くので笑ってしまう。確かに鶏肉をカシワと言うけれど、カシワの葉は別にニワトリに似ているわけじゃない。

ところが辞典を調べてみると、もともと茶色のニワトリをカシワと呼んでいたらしい。そしてカシワの樹皮からは染料が採れるともあった。カシワ色のニワトリという意味だったのだ。カシワは古来、人と関わり深い「ドングリの木」なのだ。

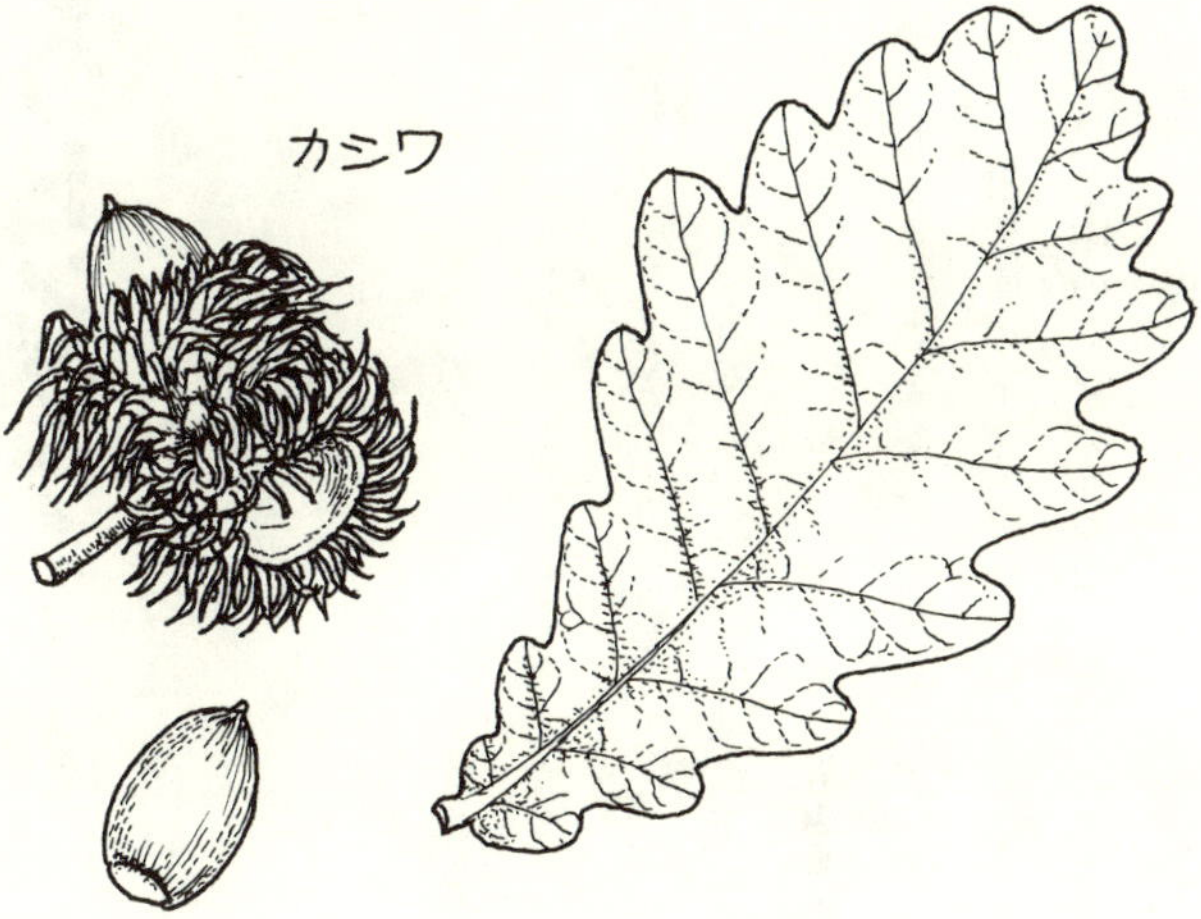
カシワ

アコガレのドングリ【アベマキ】

日ごろ目にするもので、「ドングリの木」の一部だとあんまり認識していないものがある。それがコルクだ。

ワインの栓などに使うコルクは、コルクガシという地中海沿岸に生える「ドングリの木」から作られるものなのだ。乾燥地に生えるコルクガシは、樹皮が厚く、乾燥から身を守っている。コルクガシも当然ドングリをつけるけれど、僕はまだ絵でしか見たことがない。世界には「ドングリの木」が600種ほどもあるから、世界中のドングリを拾い集めるのは、夢のまた夢だ。世界中と言わずとも、日本中のドングリを拾い集めるのもけっこう大変。

日本にある17種のドングリの名前を挙げると、次のようになる。

コナラ属——コナラ、ミズナラ、クヌギ、アベマキ、ナラガシワ、カシワ、ウバメガシ、アラカシ、アカガシ、シラカシ、ウラジロガシ、オキナワウラジロガシ、ツクバネガシ、ハナガガシ、イチイガシ

マテバシイ属——マテバシイ、シリブカガシ

そして、カシワの話でも書いたように、「ドングリの木」によっては北に多いものや、沖縄など南の島にしか生えていないものがある。

ある日、ドングリ好きの僕のもとへ小包が届いた。岐阜に住む友人のアカネさんからだった。

「ずいぶん久しぶりにドングリを拾いました。勤め先の女子大の庭で拾ったものです」

そのドングリを見てうれしくなる。それがアベマキのドングリだったから。

この後、大阪や奈良の雑木林を歩く機会があった。実際に歩いてみると、関西ではアベマキは雑木林に普通の木だった。でも、埼玉の雑木林にはまるで生えていないのだ。だからアカネさんが送ってくれるまで、僕はアベマキ

のドングリを実際に見たことがなかった。

アベマキはクヌギによく似ている。丸っこいドングリと、長い鱗片を持つハカマはそっくり。細長く鋸歯《きょし》のある葉もよく似ている。ただし、アベマキの葉裏にはビロード状の毛が密生している。もうひとつの違いは樹皮。アベマキの樹皮は厚くて、コルクの代用にもなるぐらい。

こんなふうに、友だちの手も借りて、日本のドングリをひとつひとつ集めたけれど、最後まで見ることができなかったのがハナガガシだった。四国、九州の限られたところに生える、僕にとって幻のドングリだったのである。それを拾うのが、長い間、僕の夢のひとつになっていたのだけれど、宮崎在住の友人の手を借りて、僕はようやくその夢をはたすことができたのだった。

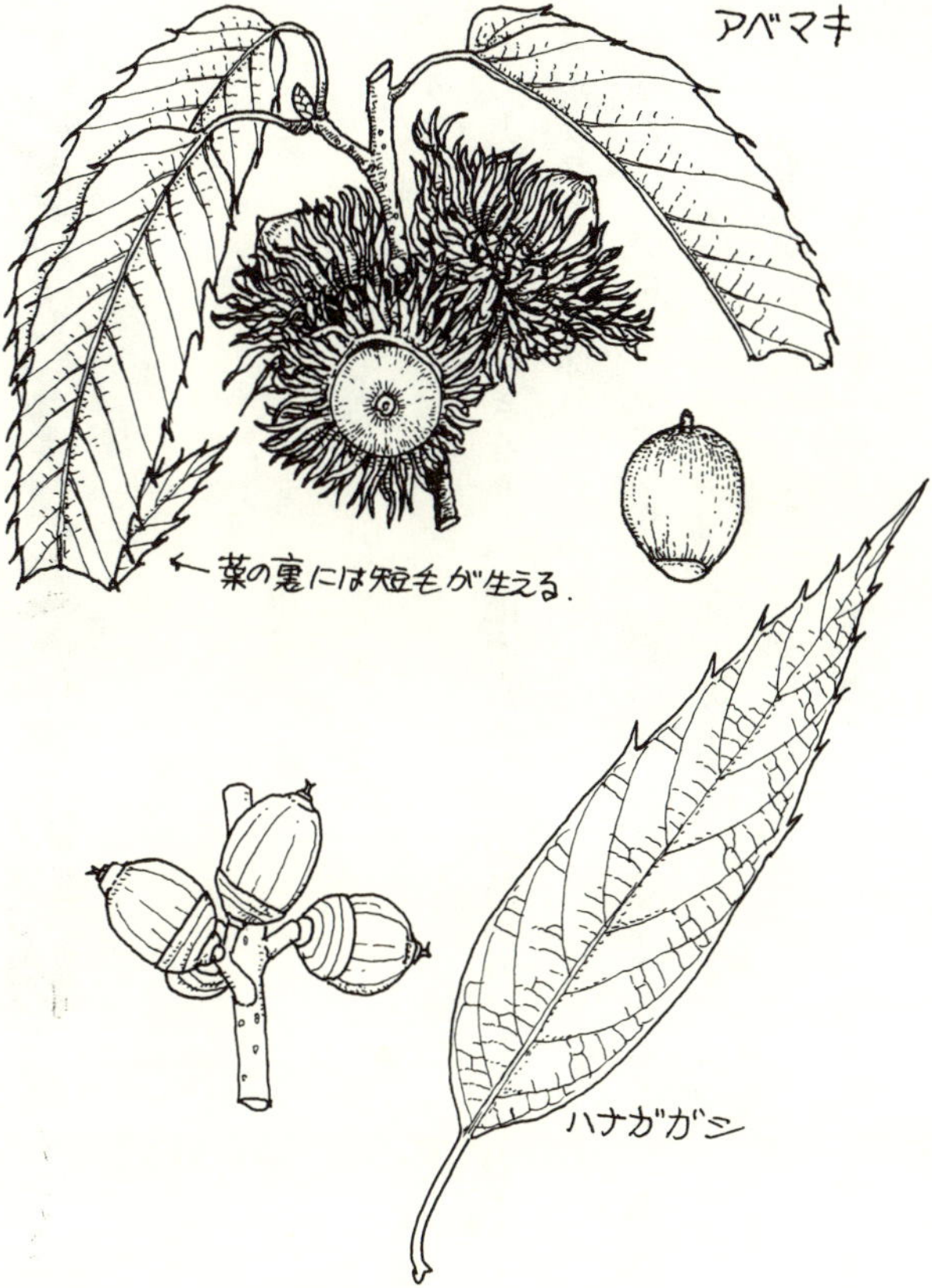
アベマキ
← 葉の裏には短毛が生える.
ハナガガシ

ドングリとネズミたちの契約【ツノハシバミ】

「えーっ、コレ、ピーナッツみたいな味がする」

「もうひとつちょうだい」

木の実を配って食べさせたら、配った木の実の名前はだれにもわからなかったけれど、その味は好評だった。

配った木の実は、ドングリによく似ている。ただずっと小さく１㎝ほど。堅い殻をかみ砕くと、「ピーナッツ味」の中身が出てくる。この実、ゆでても炒ってもいない。採ってきて、干しただけだ。

このしばらく前、岩手出身のエントモさんが、この木の実がぎっしり詰まった袋を僕にくれた。

「実家に頼んでおいたやつ」

エントモさんは、実家に便りを出して、わざわざこの木の実を手配してくれていたのだ。というのも、僕がそれまで食べたことがなかったからだ。彼女の故郷ではカシワ同様身近なものというが。

「これは生でも食べられるから、子供にとってはクリより上等なオヤツだったの」と。

この木の実、ツノハシバミの実である。学校周辺の雑木林には1本も生えていない。もう少し、冷涼な土地に生える植物だ。

ツノハシバミは、ドングリそっくりの実をつけるけれど、「ドングリの木」ではない。ツノハシバミはカバノキ科の植物なのだ。

雑木林で見られるカバノキ科の木にはイヌシデがある。イヌシデは秋、枝先に小さな葉状の苞《ほう》に包まれた、小さな実をまとめてぶら下げる。苞に包まれた小さな実は、やがて風に乗ってばらまかれてゆく。ほかのカバノキ科の植物も、風によって実や種子を散布するものが多い。その中で、なぜ、ツノハシバミはドングリモドキの実をつける？

ドングリはリスやネズミによって種子を運んでもらっている。植物の実は鳥やケモノに食べてもらえるようにジューシーなことが多い。でもドングリはジューシーな実の代わりに、堅い殻を身にまとった。そして堅い実を好むネズミたちと一種の契約を結んだ。実を食べてもらう代わり、一部の実を運び、地面に埋めてもらうようにだ。ツノハシバミは、ドングリとは仲間が違うものの、独自にネズミたちと同じような契約を結んでいる。そのためドングリそっくりの外見を身につけた。

化石のブナ科の植物には、まるでカバノキ科のハンノキのように風で種子をまくものも知られているという。そうしてみると、ドングリも徐々に今のドングリらしくなってきたということだろう。

ドングリやハシバミの堅い殻に歯を立てるとき、そんな動物と木の実の契約に思いをはせてみたい。

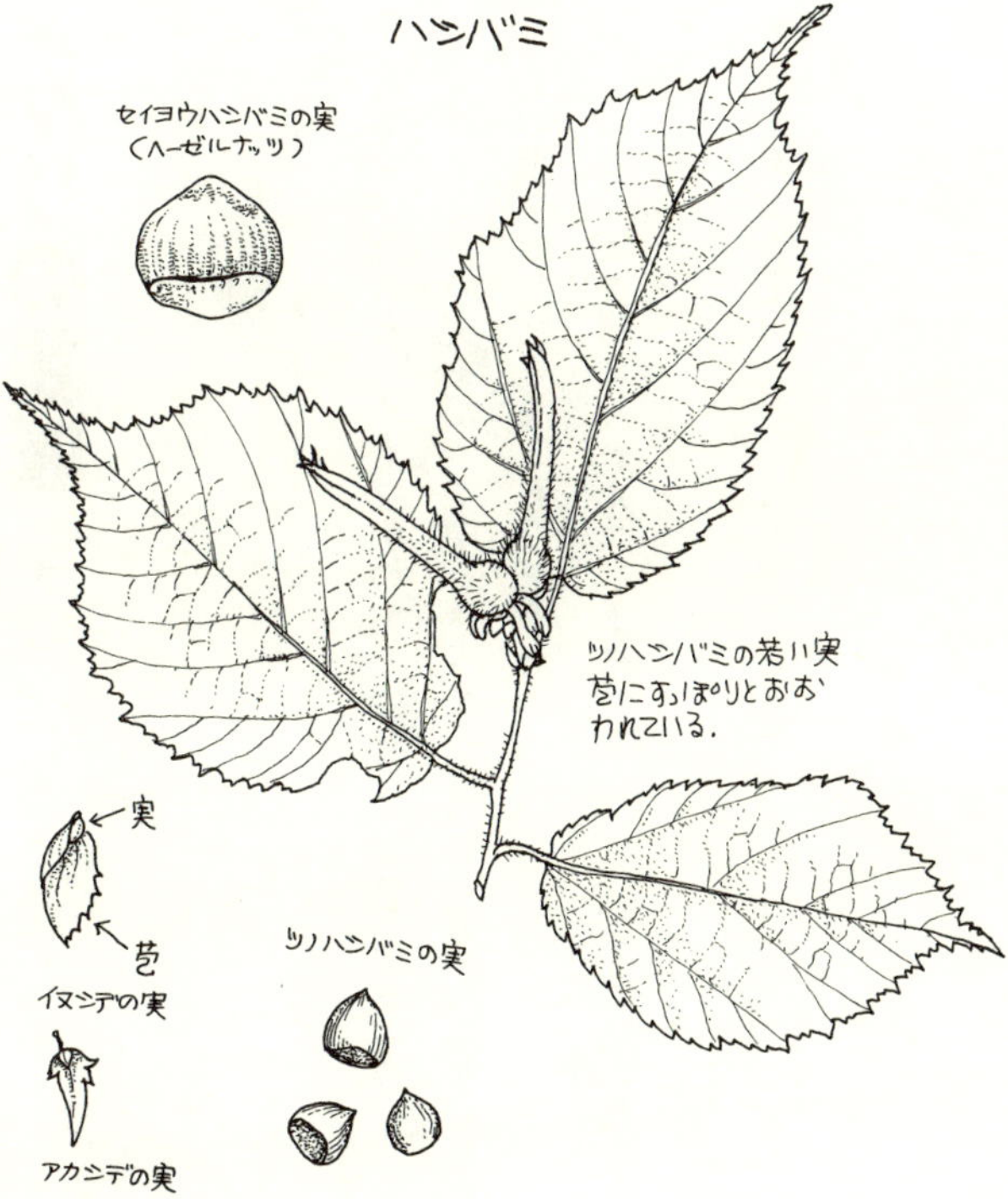
ハシバミ
セイヨウハシバミの実
(ヘーゼルナッツ)
ツノハシバミの若い実
苞にすっぽりとおおわれている.
実
苞
イヌシデの実
ツノハシバミの実
アカシデの実

ドングリの親戚

【ブナ】

「ブナの実も食べたわね。でもブナの実の中身はとても小さいの。バァ様たちは、茶受けにブナの実を割って中を食べてたけど、子供たちからしたらめんどくさくて手を出したくないものだった」

ツノハシバミの実を僕にくれたエントモさんは、ついでにこんな話も教えてくれた。

ブナ科の植物で、日本に生えている木は次の5グループに分けられている。

コナラ属
マテバシイ属
シイ属

クリ属
ブナ属
このうち、コナラ属とマテバシイ属の木のつける実をドングリと呼ぶ、と僕は書いた。
東北地方を中心に、北海道南部から、九州にかけての山地に生えるブナは「ドングリの木」の親戚筋に当たる。ドングリのハカマに当たる部分は、殻斗《かくと》と言うが、ブナでは殻斗はすっぽり実を覆う。そして熟すと殻斗が割れ、三角形の小粒の実が姿を現す。ドングリの場合、ひとつの殻斗にはひとつの実しかついていないが、ブナの場合はひとつの殻斗の中に、ふたつの実が入っている。
そしてクリやシイもドングリの親戚だ。クリのイガも、殻斗だ。クリの場合、殻斗の中に実は3つ入っている。シイの殻斗もブナやクリ同様、最初実をすっかり覆っているが、中に入っている実はひとつだけ。
「小さなころ、食べた木の実の名前を教えてほしい。ぜひ庭に植えてみたいので、実が拾える場所も教えてください」

僕の本を読んだとある年輩の女性から、こんな手紙をいただいたことがある。文面から、その木の実とはシイの実のことと思われた。返事とともに冷蔵庫に保管していたシイの実を数粒、封筒に入れ彼女のもとへと発送した。

僕はブナの実を食べたことはない。身近にブナが生えていなかったから。一方でシイの実は何度も口にした。軽くフライパンで炒るだけで、その実は香ばしいオヤツ代わりになる。

ブナやシイの実もネズミたちに好まれる。ただ、木にとっては全部の実が食べられてはかなわない。ブナやシイの実がドングリに比べ小粒なのは、小粒の実を食べるには手間がかかることを見越してのことじゃなかろうか。一方ドングリの多くは実が大きい反面、渋《しぶ》を持つ。いずれもこれはネズミへのちょっとしたイジワルだ。食べ残しの実を生み出すための「技」だと僕は思う。

ブナ

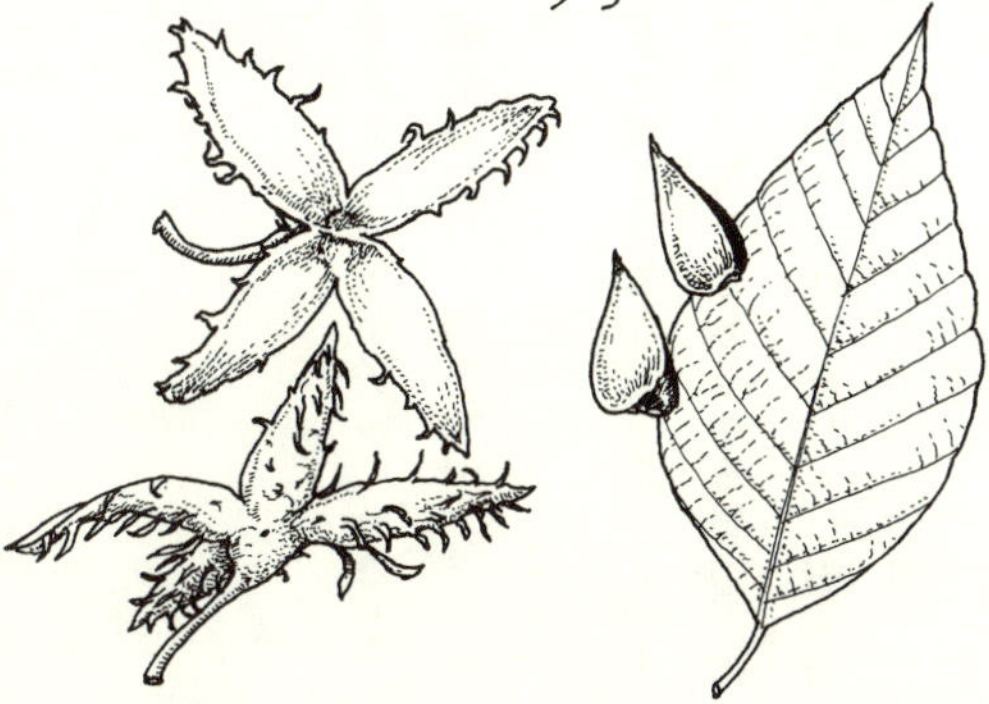

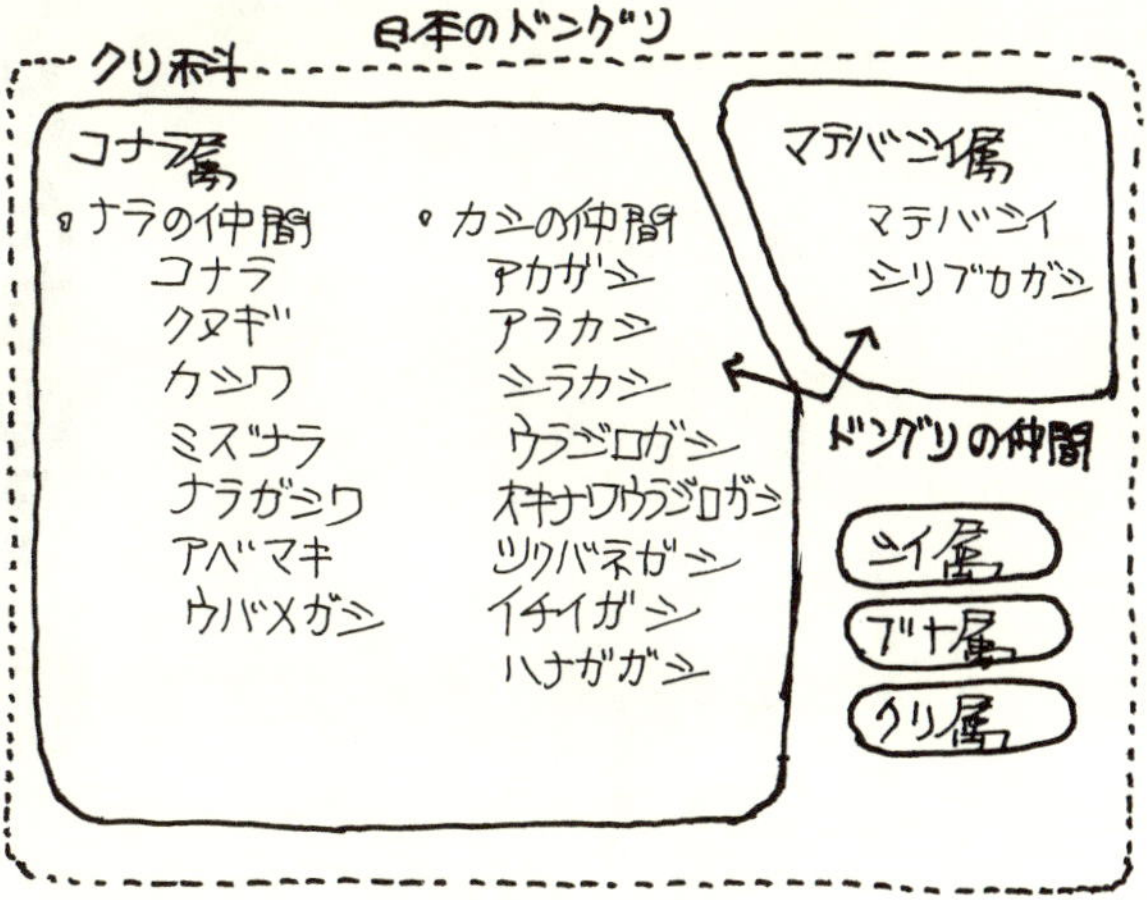
日本のドングリ
クリ科
コナラ属
ナラの仲間
コナラ
クヌギ
カシワ
ミズナラ
ナラガシワ
アベマキ
ウバメガシ
カシの仲間
アカガシ
アラカシ
シラカシ
ウラジロガシ
オキナワウラジロガシ
ツクバネガシ
イチイガシ
ハナガガシ
マテバシイ属
マテバシイ
シリブカガシ
ドングリの仲間
シイ属
ブナ属
クリ属

ドングリの花ってどんなの？【コナラ】

「ドングリの花が咲いているところを、絵に描いてごらん」

授業でこんな問題を出すと、生徒たちはまたいっせいに「えーっ？」と言う。

ドングリはおなじみのものでも、花なんて見たことない、と。かくして黒板には、ありとあらゆる想像上の「ドングリの花」が描かれることになる。

四月中・下旬にかけて、雑木林のコナラが花をつける。埼玉の雑木林の主役のひとり、コナラは落葉樹だ。幅が広く、あらい鋸歯のある葉を持ち、秋になれば、長さ2㎝ほどの細長いドングリをつける。

春、葉をすっかり落としたコナラはやがて白い毛に覆われた新芽を展開しだす。このころの雑木林はコナラの新芽が日に輝いてとても美しい。そして新芽の展開とともにコナラは花を咲かせる。枝先から小さな花が集まった房がたれ、風にそよぐ。

ドングリの花を生徒たちが知らないのは、花びらがないから。コナラは風媒花なのだ。そして、僕たちがそれと気にしてまず目に入るのは、コナラの花のうち房状になった雄花のほう。雌花は、枝先の新芽のつけ根に、ちょんとくっついているので、よっぽど気をつけて見ないとそれと気がつかない。

ドングリなら、たとえ近くに木が生えていなくても、友だちから送ってもらえば見ることができる。でも花となるとそうもいかない。数々の「ドングリの花」の中で、僕がその花を見たことがあるのは、コナラのほか、クヌギ、シラカシ、アラカシといった近所で見ることができるものばかりだ。シラカシやアラカシは常緑樹なので、僕は最初、コナラとはまったく違う仲間かな、なんて思っていた。でもそんなことはない。花を見てみたらよく似ている。カシもナラもじつは同じコナラ属の一員だ。

一方、マテバシイの花はちょっと違う。花期もコナラ属の木々が春先なのに対し、6月ごろ。雄花は房状だけれどたれ下がらずに、上に向けて立つ。そして独特のニオイを発するとともに、白いオシベがめだつ雄花には、マルハナバチやハナアブなど、さまざまな虫たちが引き寄せられている。マテバシイ属の木は、虫媒花なのだ。

受粉したコナラの雌花は、夏の間、ひそやかに生長を続けてゆく。そして秋。気がつけば林にドングリの雨を降らすことになる。

コナラの花
雌花
雄花

落とし文の作り手は？【コナラ】

「子供のころ、オトシブミっていう絵本があってさ、その本好きだったんだ」

林を一緒に歩きながら高校生のアマネがそんな話をしてくれたことがある。

「ようらんをほどいて、中の卵を出して遊んだりもしたよ。でも親は見たことなかったなあ」

アマネは続けてこう言った。

オトシブミは、ゾウムシに近い仲間の甲虫だ。メスは各種の木や草の葉を巻いて、ようらんと呼ばれる巻き物を作る。このようらんの中に卵が産み込まれていて、孵化《ふか》した幼虫はそのようらんの中を食べて育つ。

オトシブミの名前の由来については、こんな昔話がある。政治闘争に破れて四国に流され、1164年に亡くなった崇徳《すとく》上皇にまつわる話だ。四国に流された上皇は都に帰ることを願い続けたがかなわなかった。夏、ホトトギスが渡り鳴くと、上皇の思いはいっそう募り、ある年、一歌を作る。

啼《なか》ば聞く聞ば都ぞ募はるる
此里すぎよ山杜鵑《ホトトギス》

翌年からホトトギスは渡ってきても鳴かず、代わって木の葉を巻いた「落とし文」を置いていくようになった。上皇の死後も、墓のあたりには、必ずこの「落とし文」が見られ続けた……。

これは、河野広道さんの『森の昆虫記2』（北海道出版企画センター）に載っている話だ。

昔の人々は、虫の作ったようらんを、ナゾの「落とし文」と思いこんな昔話を作りあげた。アマネの話を聞くと、現代に住む生徒たちだって、本から名前は知ってはいても、作り主を実際に見たことがあるものは少ない、ということがわかる。

でも、春の雑木林ではオトシブミは珍しい虫ではない。気にとめて歩けば、そのようらん作りだって見ることができる。

コナラの若葉でよく見るのはヒメクロオトシブミ。全身真っ黒の、体長5㎜ほどの虫だ。「えっ？　こんなに小さいの？　写真で見たらもっと大きい虫かと思ってた」。オトシブミの標本を見せたら、そう驚かれたことがある。知名度のわりには、やはり実像が伴っていない虫なのだ。

ヒメクロオトシブミは4月下旬から5月ごろのまだ伸びきっていないコナラの新芽をよく巻く。オトシブミの名の由来は、先にも書いたように、地上に落ちたようらんからだ。ただし種類によってはようらんを地上には切り落とさずに、葉脈につけたままにする。ヒメクロオトシブミも、そんな「落とさない落とし文」を作りあげる虫だ。

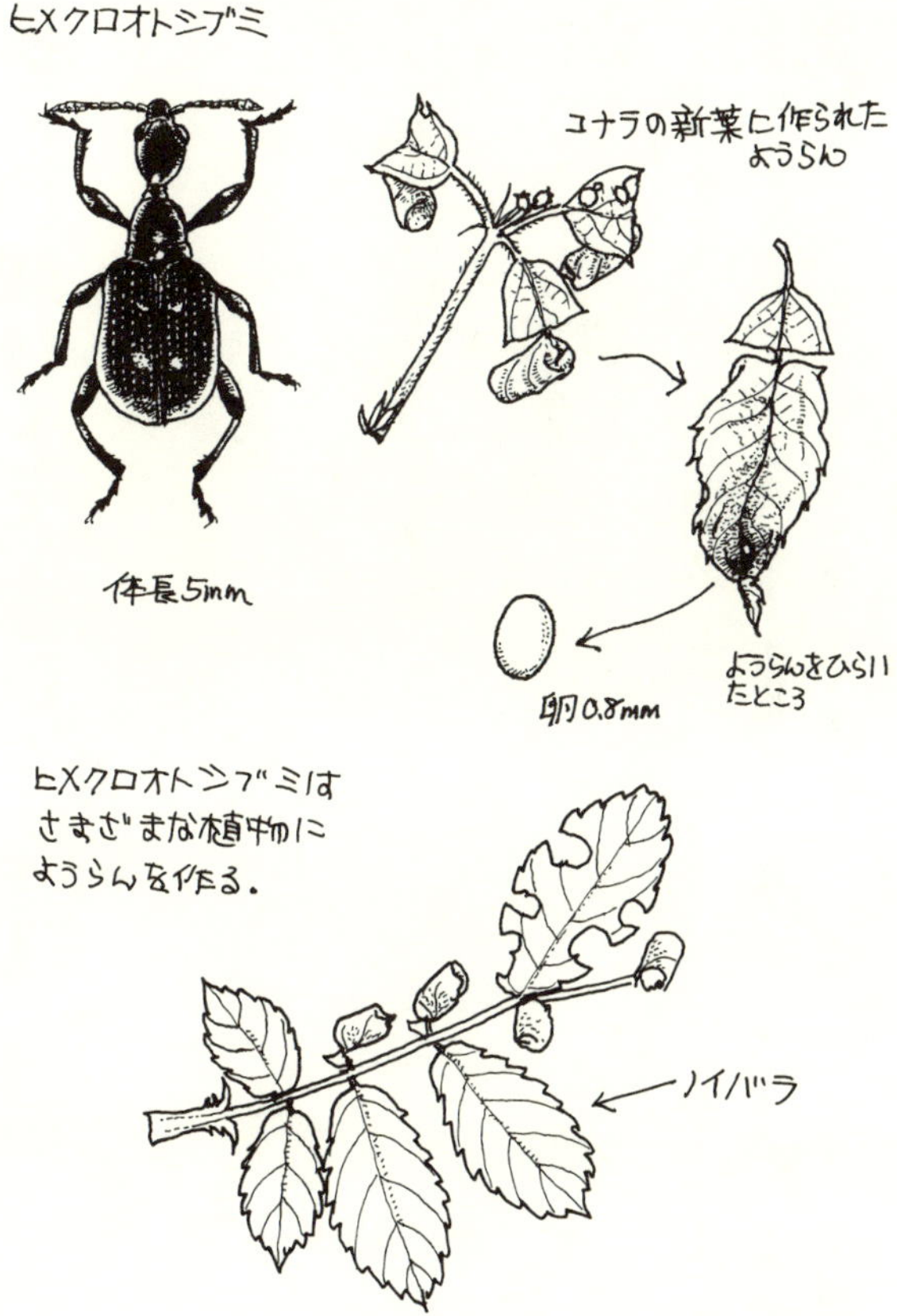
ヒメクロオトシブミ
コナラの新葉に作られた
ようらん
体長5mm
ようらんをひらいたところ
卵0.8mm
ヒメクロオトシブミは
さまざまな植物に
ようらんを作る。
ノイバラ

樹液の味はどんな味？【コナラ】

「カブトムシいないかな？」

「カブトムシはどんな木に来るか知ってる？」

「クヌギでしょ」

「じゃあクヌギってどれ？」

「…………」

東京の小学生たちと、群馬県の山中で、サマーキャンプをしたときのこと。夏といえば雑木林の虫捕りだ。でも子供たちは実際にクヌギの木がどれだかわからない。そもそもキャンプ場の周りを見まわしてもクヌギは生えていなかったけど。

樹液の出る木といえばクヌギ。これは広く知れ渡っていることである。ただ、クヌギばかりが樹液を出す木なわけでもない。僕が子供のころはマテバシイの樹液にカブトムシを捕りに行った。雑木林のコナラやクリも樹液をよく出す。クヌギもコナラも生えていない沖縄では、子供たちはタブノキやミカンの樹液に集まる虫を捕りにゆく。

虫の来る木って何だろうとあらためて気になった。考えてみればどんな木だって樹液はあるのだ。

たとえば、シラカバの樹液のビン詰めが、「森の雫」と銘打たれ、市販もされている。

「ヨーグルトの上にたまる水っぽいやつが、うすまったような味」

「樹液は甘い」と思っていた生徒たちは、喜んで口にした後、顔をしかめてこう言った。

「こんなものを飲んでいて、栄養になるの?」

ところが、北海道の知人が、このシラカバの樹液を煮つめたものを送ってくれた。15ℓの樹液を煮つめると、小さいジャムビンほどの量になる。茶色のネバネバの液。これはカラメルを薄くしたような味でおいしい。濃縮してみれば、やっぱりちゃんと甘くなるのだ。

樹液はどんな木にもある。ちゃんと栄養もある。そうなると問題は、木の外へこの樹液を流すかどうかの違いだ。木はなぜ樹液を出すのだろう。

雑木林のコナラを見て歩く。木の幹に、丸くかじられた跡がぐるりとついていたら、これは体長5㎝にもなるシロスジカミキリの産卵痕《あと》だ。シロスジカミキリの幼虫は材を食い荒らし、やがて新成虫が幹を食い破って脱出する。こんな傷をつける虫の存在が樹液を外に出す原因？　ところが、カミキリのつけた傷から必ず樹液が出ているとも限らない。中には一見無傷なようでいて、盛んに樹液を出している木もあった。虫のよく集まる木であるコナラひとつとっても、樹液が出る理由というのは今ひとつナゾなのだ。

シロスジカミキリ 51mm

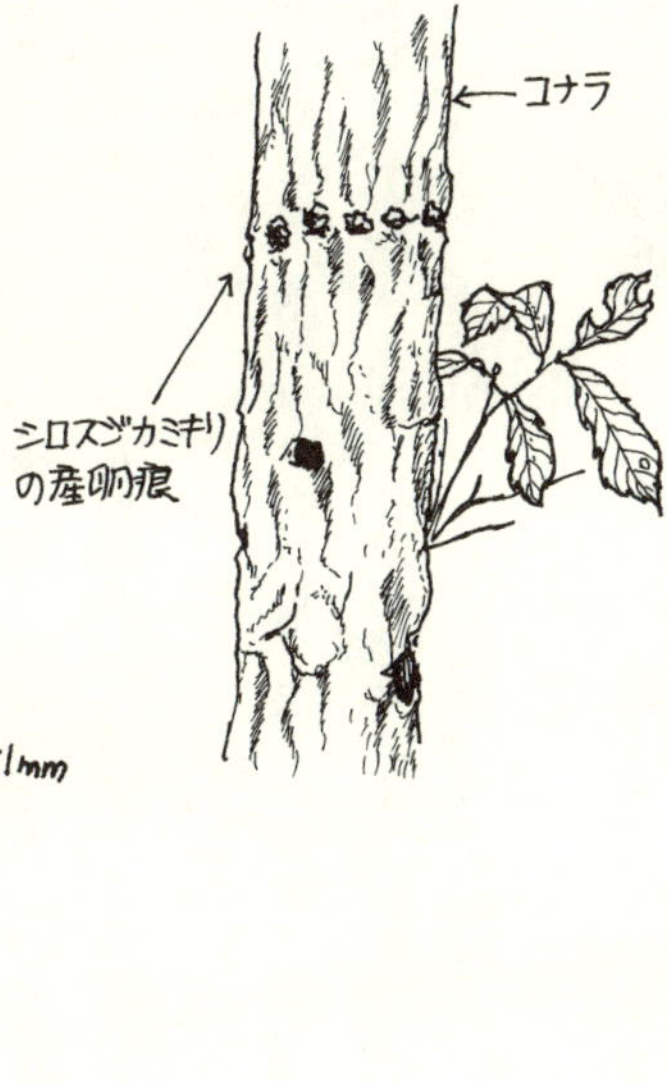
コナラ
シロスジカミキリ
の産卵痕

ドングリにわく虫の正体
【コナラ】

知人のカノウさんから手紙が来た。

封筒にふくらみがある。何が入っているんだろう？　とちょっとワクワクしながら封を切る。そして中に入っていたのはビニール袋にくるまれたコナラの小枝だった。添えられた手紙には、こんなふうに書いてあった。

「このごろ、コナラ林に行くと、ドングリがついたままの10㎝ほどの枝葉がよく落ちています。細い枝は何者かによって切断されており、切断面はギザギザと荒れています。刃物でスパッと切ったものではありません。これは何者のしわざ？」

幸いなことに、僕はこの虫の正体を知っていた。早速カノウさんに返信をしたためる。

「これはハイイロチョッキリのしわざです……」

オトシブミの仲間のハイイロチョッキリは、まだ緑色のドングリに産卵をする。カノウさんの送ってきた枝つきドングリも、ふたつついていたドングリのうちひとつのハカマのところに、産卵痕がついていた。母虫は長い口を使ってハカマのところに穴を開け、その穴を通してドングリ内に卵を産み込むのだ。産卵後、母虫はドングリを枝ごと切り落とす。地面に落ちたドングリの中で幼虫は育ち、やがてドングリの殻をかじって小穴を開けて脱出し、地中に潜ってさなぎとなる。

ハイイロチョッキリが活躍するのは秋の初め。9月6日に校内のコナラを見てまわったら、植えられたコナラの下で、あちこちにハイイロチョッキリの産卵痕を見かけた。1本のコナラの木の下では、合計25本の枝つきドングリが拾えた。見てゆくと、中には完全に切り落とさず、ブラブラと茶色く変色した小枝がぶら下がったままのものもある。

ハイイロチョッキリはコナラ以外のドングリも利用する。クヌギやシラカシの木の下でも、同じように切り落とされた小枝を拾える。

クヌギでは、産卵されたドングリはまだすっぽりとイガイガのハカマの中に収まっている状態のもの。クヌギの場合、切り落とされる小枝はコナラのものよりずっと太い。そんな枝がバサバサと木の下に落ちているのを見ると、クヌギとしてはたまらんだろうな、と思う。

「ドングリに変な虫わくよ。100個ぐらいのドングリ拾ってドンブリに入れてたら、次の日虫だらけ。これがトラウマでドングリもう拾えない」

ソナがこう言うので笑ってしまった。ドングリにわく虫とは、コナラシギゾウムシの幼虫だ。こちらは完熟ドングリに親虫が産卵する。そのため一見、無傷に思えるドングリから、ある日幼虫がわいて出てくるように見えるという次第。

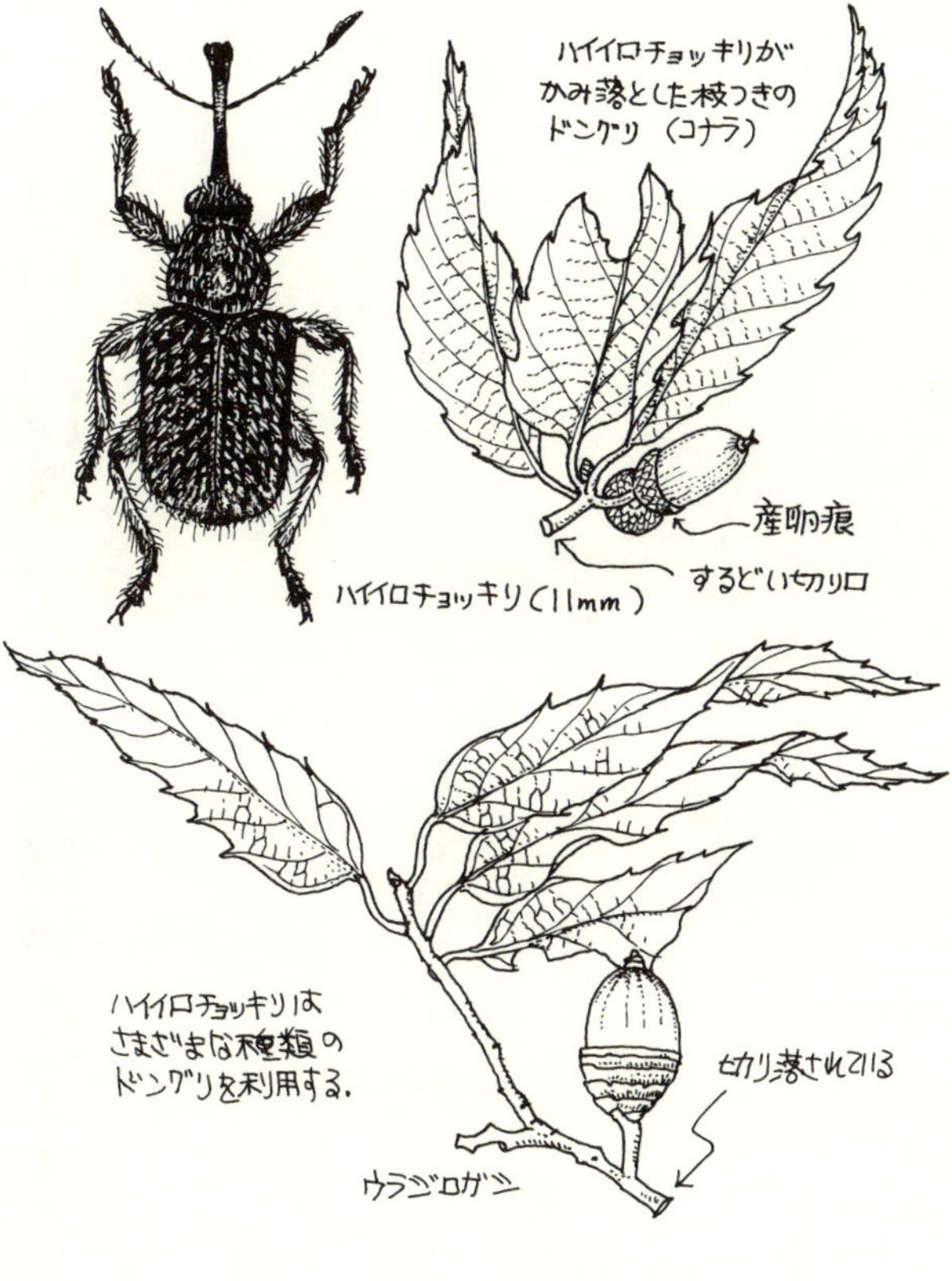
ハイイロチョッキリが
かみ落とした枝つきの
ドングリ（コナラ）
産卵痕
するどい切り口
ハイイロチョッキリ（11mm）
ハイイロチョッキリは
さまざまな種類の
ドングリを利用する.
切り落されている
ウラジロガシ

ドングリの渋はミルク煮で抜ける？【クヌギ】

「ドングリは苦くて食べられない」

そう思っている人が多い。これはある意味当たっているし、ある意味当たっていない。

ドングリには渋があるものが多いけれど、なかにはマテバシイのように、そのまま食べることのできるものもある。そして、コナラやクヌギなど渋のあるドングリも、渋さえ抜けばちゃんと食べることができる。

僕が授業でよくやる渋抜きの方法は次のような具合だ。
(1)まず生のままのドングリの殻をむく。
(2)続いて中の身を包丁で刻み、その後スリ鉢ですって細かな粉にする。

(3)この粉をボウルに入れ、水を張る。

(4)しばらくして、上澄みだけを捨て、新しく水を張り替える。これを上澄みが透明になり、底の粉が苦くなくなるまで繰り返す。だいたい10回ぐらい。時間にして2~3日でオーケーだ。

こうしてできあがった粉を使えば、クッキーでもお好み焼きでも何でもできる。

ドングリの渋の成分はタンニンである。水溶性のタンニンをこうして水にさらして抜くのだ。ドングリをゆでても渋抜きはできるが、これはまる1日以上ゆで続けなくちゃいけないというので、かえってめんどくさい。粉にするところはちょうど授業時間内にできるし、水替えならヒマを見て僕がやれば済むからだ。

タンニンはまた、タンパク質と結合するという性質がある。渋ガキもタンニンを含むが、このタンニンが舌のタンパクとくっつき、収《しゅう》れん性の渋みを感じると本にある。あるとき、テレビでドングリの特集をやっていて、ナルホドと思った。テレビでは、この性質を利用して、ミルクでドングリを煮る方法というのを紹介していたのだ。これだと、水よりも短時間で渋みが抜けるというのである。

早速、手元のドングリで試してみる。殻をむいて半分に割り、ミルクで煮る。

「ねぇまだ？」

アクをすくいつつ煮るうち、そんな声が上がってくる。煮るのを見ているだけではヒマなのだ。煮ること40分。とうとう待ちきれなくなって、ドングリを口にした。途端にレイがヘナヘナと崩れ落ちた。「腰が抜けるほどマズイ」というわけ。

ドングリをミルク煮にしても、渋を抜くには3時間以上かかる。授業というのはせいぜい90分だ。おもしろい方法なんだけど、やっぱり刻んですって水にさらす方法に戻ることにしよう。

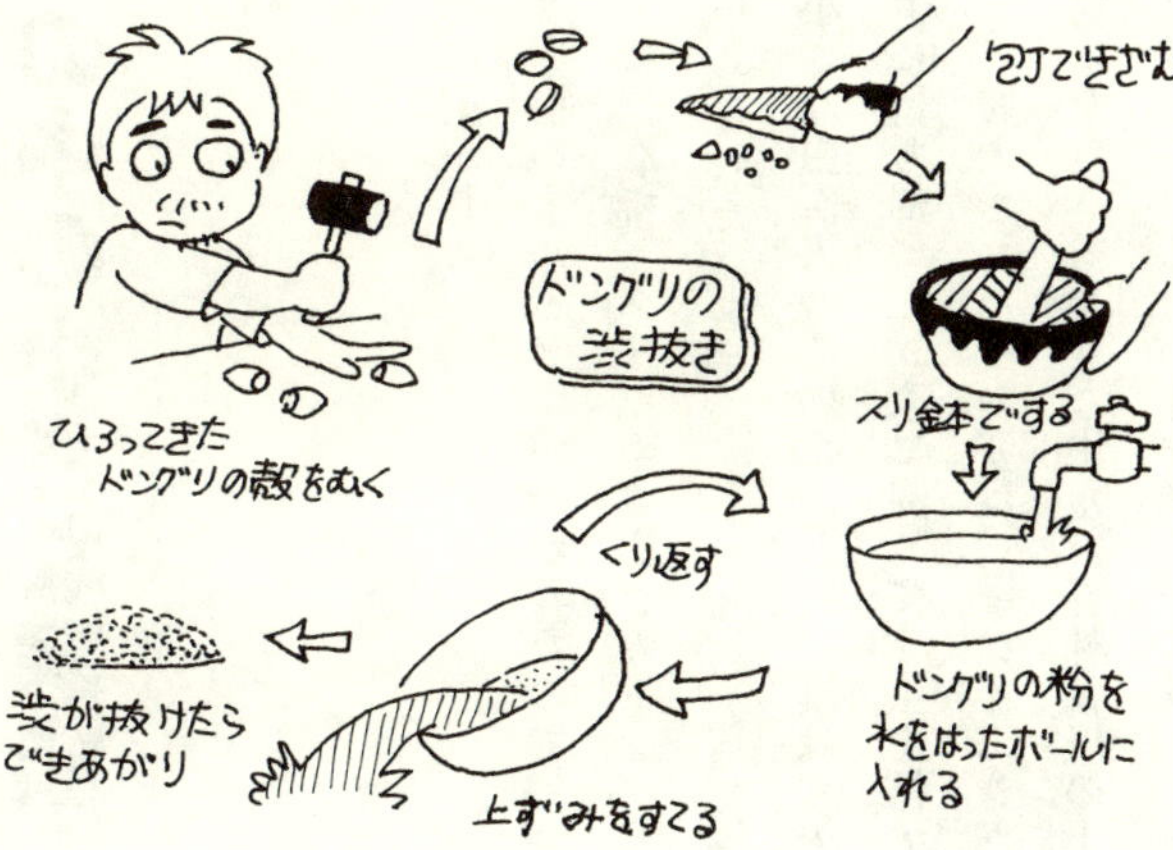
ドングリの
渋抜き
ひろってきた
ドングリの殻をむく
包丁できざむ
スリ鉢でする
ドングリの粉を
水をはったボールに
入れる
上ずみをすてる
くり返す
渋が抜けたら
できあがり

ドングリの中の小さな家族【クヌギ】

秋の木の実観察会に招かれる。

教材用にドングリを拾い集めるヒマがなかったので、会場となった高尾山麓の森林科学園の人に頼んで、クヌギやコナラのドングリを集めておいてもらった。その拾い集められたクヌギのドングリの入った袋を見て「オヤ?」と思う。袋の中に小さな虫が入っていたからだ。僕はその虫をフィルムケースに入れ、大切に家に持ち帰った。家に帰って、虫を拡大してみて「やっぱり」とうれしくなる。拡大されたその姿は、キクイムシだったから。

キクイムシとは材木を食べる小さな虫だ。森林育成の上では害虫のひとつだ。キクイムシにとりつかれると、キクイムシの運んできた菌が植物の水を運ぶ管をふさいでしまい、木を枯死させたりもしてしまう。

その名前からして、材木を食べる虫というイメージばかりあったのだけれど、キクイムシの中にも、ドングリを食べる種類がある。考えてみれば、ドングリの殻は木質だ。そこを食い破るのは、キクイムシならではと言えるかもしれない。

僕はまだ、クヌギのドングリにつくキクイムシは、偶然見つけたこのただ一例しか見たことがない。体長2・5㎜のこの小さな虫が、ドングリの中でどんな暮らしぶりをしているかは、未見なのだ。そこで、僕の見たことのある、別のドングリにつくキクイムシについて、紹介してみよう。

沖縄には、日本最大のドングリをつける、オキナワウラジロガシがある。そのドングリは直径2・5㎝もある。この大きなドングリをたくさん拾い集めてみたら、キクイムシにやられたドングリがけっこう混じっていた。

キクイムシの取りついたドングリには小穴が開いている。シギゾウムシの場合、ドングリ内の幼虫が脱出するときにドングリに穴を開けるけれど、キクイムシの場合、成虫がドングリの中に潜り込むときに穴を開けるのだ。そしてドングリの中に小穴を掘って生活する。卵は0・8㎜のごく薄い黄色である。幼虫は成虫とともに、このドングリを食べて成長する。おもしろかったのは、ひとつのドングリの殻をむいてさなぎが出てきたときだった。さなぎの数は全部で4個。そして僕がキクイムシのトンネルの入口付近をあらわにしたときのこと。キクイムシの成虫がさなぎをひとつずつ、トンネル奥へ運び去っていったのである。こんな小さな虫が、かいがいしく子供の世話をするなんて！　地面に転がるドングリの中で、小さな小さな虫の家族が暮らしている。

クヌギ
クヌギのドングリにきていた
キクイムシ(2.5mm)

林のゴキブリ【クヌギ】

親子自然観察会の一日。

半日、クヌギ林を歩きまわってドングリを拾ったり虫を探す。午後になって林のヘリで竹細工教室。簡単な笛作りを試みた。子供たちには、ナナメに切った竹の一端に、フィルムの切れっぱしをリードとして差し込む、ブーブー笛が人気だった。落ち葉のたまった林縁は、日当たりもよく気持ちがいい。そして作業の合間、ふと目を落とすと、小さな黒い虫がチョコマカうろついているのが目に入る。この体長7㎜ほどの虫、じつはゴキブリの幼虫だ。

日本には52種のゴキブリが分布する、と『日本産ゴキブリ類』（中山書店）には載っている。一方、『埼玉県昆虫誌』（埼玉昆虫談話会）によると、埼玉に分布するのはたったの4種。クロゴキブリ、ヤマトゴキブリ、チャバネゴキブリ、それにモリチャバネゴキブリだ。ゴキブリは本来、南方系の昆虫なのである。

「ゴキブリの種類でどんなの知ってる?」

授業でそう聞くと、真っ先に返ってくる答えが、「チャバネゴキブリ」。チャバネゴキブリは世界的に家屋内で見られるゴキブリだが、原産地は不明である。日本には江戸末期ごろに移入されたものらしい。ただ、このチャバネゴキブリが南方起源なことは確からしい。というのも、学校周辺では、ただ一度だけしか見たことがないからだ。家屋に棲む、とはいっても、暖房の行き届いたビルなどが好みなのだ。生徒が「チャバネ」と思っているゴキブリも、じつはクロゴキブリだったりヤマトゴキブリだったりする。

埼玉で見られるゴキブリのうち、本来日本に棲みついていたのはモリチャバネとヤマトの2種類だけ。この2種は、冬を越す技をちゃんと身につけているので、野外でも暮らせるのだ。冬になるとヤマトは木の皮の裏などで、そしてモリチャバネはこうして落ち葉の裏などで越冬する。そしてそのいずれもが翅《はね》のない幼虫だ。

ヤマトゴキブリは野外でも家の内でも見るゴキブリである。一方でモリチャバネは純粋に野外性のゴキブリだ。日本でも暖地に行けばこうした野外性の種類が多く見られるが、雑木林で見るのはこのモリチャバネゴキブリぐらいだ。だからゴキブリといっても、僕は見つけるとちょっとうれしくなったりする。

観察会では、だれひとり足元の小さな虫に気づいていなかった。そしてちょっと考え、僕はやっぱり、これがゴキブリだということはだまっておいたのだった。

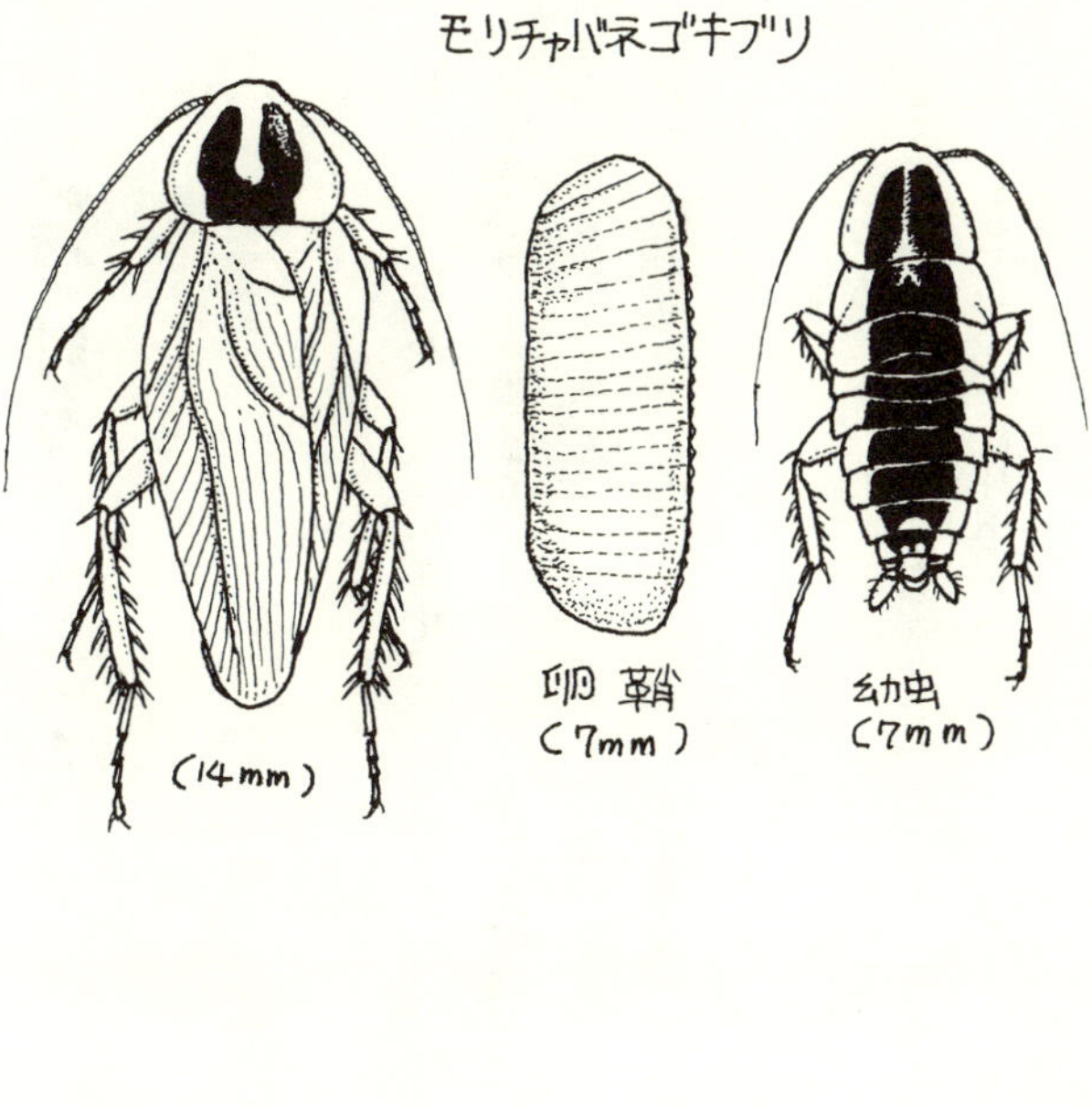
モリチャバネゴキブリ
(14mm)
卵鞘
(7mm)
幼虫
(7mm)

虫の嫌うドングリ？【マテバシイ】

秋のドングリ拾いは僕にとって欠かせない年中行事のようなもの。特にマテバシイは授業や自然観察会など、機会があるごとに子供たちに食べてもらうので、しこたま仕入れが必要だ。渋くないマテバシイは調理が楽だ。常緑のマテバシイは長さ2・5㎝余りの大粒のドングリをたくさん実らす。秋の一時。わが家の冷蔵庫は野菜室も冷凍室もマテバシイのドングリでギッシリ埋まってしまう。

マテバシイは殻が厚く、ドングリの中の水分が抜けにくいので保存も楽だ。もうひとつ便利な点は、このドングリには虫がわかないことである。

「虫入ってない？」

調理用に、ドングリを配ると、必ずこんなふうに生徒に聞かれる。ドングリには、ハイイロチョッキリやシギゾウムシの仲間が潜んでいることが多いから。親虫の産卵痕はごく小さいから、それと気づかずにいると、しばらくして穴の開いたドングリと虫だらけといった状態になることが、クヌギやコナラのドングリではままある。

シギゾウムシは、長い口でドングリに穴をうがつ。が、マテバシイのドングリは、コナラのそれと比べ、殻も分厚く堅いから、さすがのシギゾウムシも手が出ないのだろうと考えていた。

それまで僕は、よく母校千葉大学の構内にマテバシイのドングリを拾いに行った。マテバシイは、九州、沖縄が原産といわれ、学校周辺では、公園などに植栽されたものしか姿を見ない。そして千葉大のものも含め、そうして植栽されたマテバシイのドングリは無傷で、置いておいても一個も虫が穴を開けて出てくるなんてことはなかった。

それが秋のドングリの季節、ふと千葉南端の実家に戻る機会があった。南房総ではマテバシイは裏山にごく普通に生えている。埼玉の雑木林のクヌギやコナラのような存在だ。古く植栽されたものらしく、薪炭用や、ノリの養殖時に使う材として利用されてきた歴史がある。そんな林の中でマテバシイのドングリを拾っていたら、虫の出た穴の開いているドングリが見つかった。種類は特定できなかったけれど、シギゾウムシの仲間の幼虫が入り込んでいたのだ。

これにはびっくり。マテバシイの殻の厚さも、対虫防御として完璧ではなかったのである。ただし、コナラでは落ちているドングリの半数から虫が出てきたりするものの、マテバシイでは、20〜30個に1個ぐらいの割合でしか虫は入っていない。殻の薄いコナラなどがないとき、虫はイヤイヤ殻の堅いマテバシイにアタックするということだろうか？

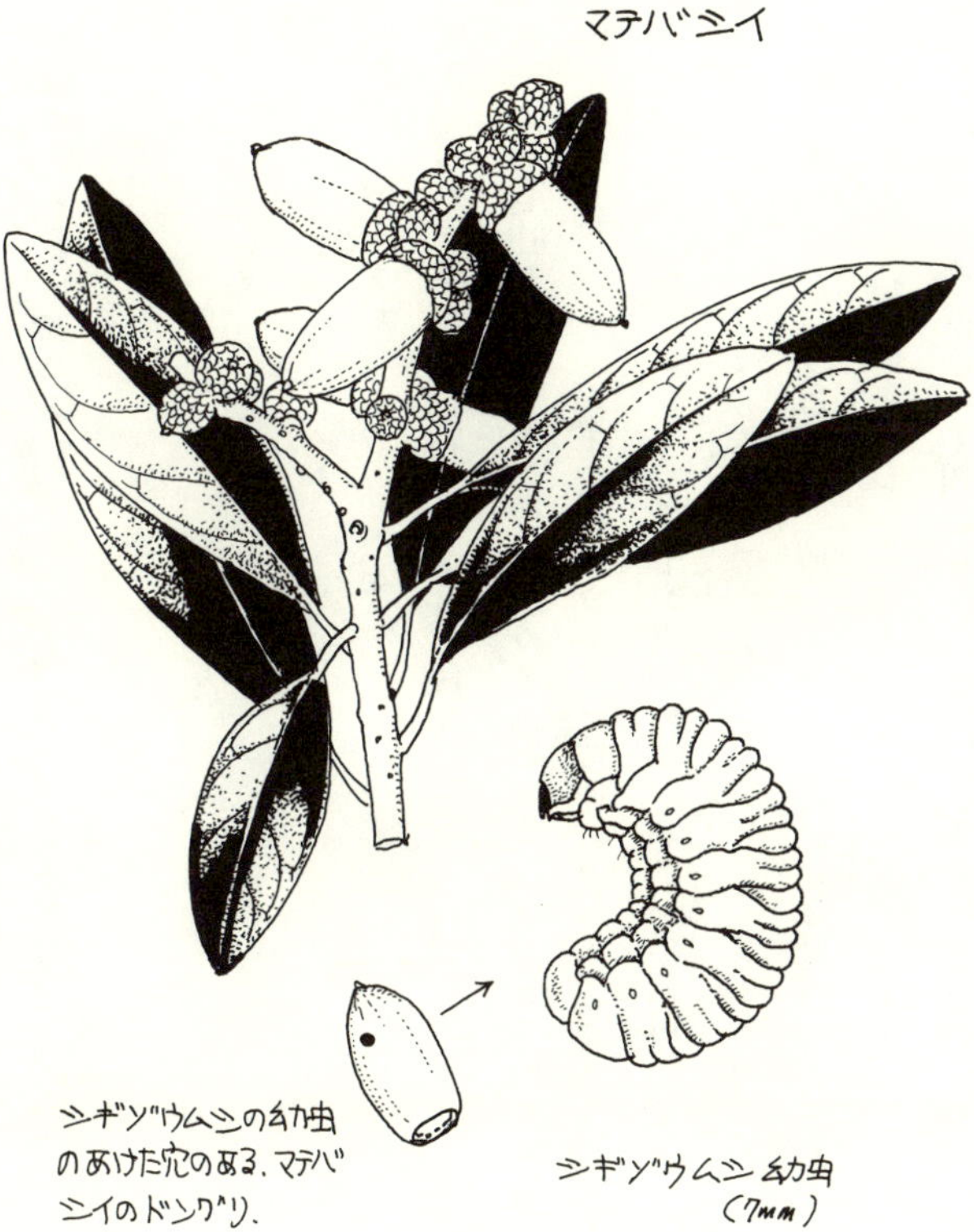
マテバシイ
シギゾウムシの幼虫
のあけた穴のある、マテバ
シイのドングリ。
シギゾウムシ幼虫
(7mm)

一番のドングリって？【イチイガシ】

「これはハンバーグだな。おいしいぞ」

レイの作った作品を味わい、そう言い合う。

生徒たちに自由にドングリでクッキングしてもらった。材料は生のままでも渋のないマテバシイ。ムギやハルカたちは普通にクッキーを作ったのだが、レイは塩、しょうゆ、コショウをドングリ粉に混ぜ油で焼いた。すると、味と見た目がハンバーグそっくりになったのだ。

マテバシイのドングリは堅い。厚い殻をむくのには手間がかかるけど、渋くなく、いろんな料理にチャレンジできるドングリだ。

こんなふうに、渋抜きの手間のかからないドングリがもうひとつあると本で読む。それがイチイガシだ。

イチイガシは関西以西では珍しくないが、僕の住んでいた埼玉では見ることのない木だった。だから長い間、あこがれのドングリであり続けた。

ある年、屋久島に行く機会があった。その帰り、乗り継ぎ時間の合間、鹿児島空港近くを散歩した。

空港から少し外れるともう農村だ。セイタカアワダチソウがあったり、カラスウリが実っていたりするのは、埼玉とさほど変わらない。でも屋敷林の木が違う。アラカシに混じってイチイガシが植えられていたのだ。

イチイガシは漢字で書くと一位樫だ。一番のカシの木ということ。どこがいったい一番なの？

イチイガシの樹皮はささくれだっていた。この樫全体の姿は、美しいというより荒々しいような独特の風情だ。一方、その葉は小ぶり。常緑の厚めの葉裏は、黄土色の短毛が生え、これはなかなか美しい。ドングリもてっぺんやハカマにやはり毛が生えていて、ちょっとオシャレだ。だけどこんな姿よりも、やはり昔の人にとっては、渋抜きしなくても食べられたというそのドングリの味が一番だったんじゃないかと僕は思う。

イチイガシのドングリは、渋のあるアラカシやシラカシのドングリとそんなに姿が変わっているわけではない。木の下で皮をむきつつ、本当に渋くないのかな、と一瞬ちゅうちょしてしまう。それでも生のままかじったドングリは、確かに渋味を感じなかった。シイの実のように、「おいしい」というものではなかったけれど。

イチイガシは、コナラ属の中にあって唯一、渋くないドングリだ。仲間の違うマテバシイのドングリは殻が厚い。厚い殻はドングリを食べるのを手間取らせ、「食べ残し」を産む工夫になっていそう。それに対しイチイガシは渋くないし殻も薄い。ナンデダロ？　一番のドングリにもナゾがある。

葉は厚い。葉の裏は
黄土色の毛が密生
する。
イチイガシ

雑木林でおきる交代劇

【アラカシ】

学校のある高台を一度下りて、小川を渡ると、低い雑木林に覆われた丘がある。秋の一日、生徒たちを引き連れ、雑木林の植生調査を試みた。

まず縦10m、横15mのワクを林の中に作り、さらにそのワクを5m四方の6つのブロックに仕分ける。林が斜面に当たるため、ズリ落ちるやつが出てきたりとこれだけでひと騒動。

うまくワクが作れたら、各班に分かれて、各ブロックの調査を始める。木の名前。生えている位置。木の太さ。木の葉の広がり具合。そして芽生えや稚樹の数調べ。

地道な作業だから嫌がるかな？　と思ったらそうでもない。野外授業は楽しいのだ。

「バスト13㎝」

木の太さを計るのに、こんなことを言う生徒もいて周りを笑わせる。

半ば遠足気分で調査を終えて、結果をまとめたらおもしろいことがわかった。

ワク内に生えていた木は合計43本。そのうちいちばん多かったのがコナラで19本あった。ほかはモミやエゴノキやクリといった木々だ。

一方、高さ1・3m以下の稚樹は、合計104本。そしてこの稚樹の中に、ワク内に親木が一本も見つからないアラカシが27本、シラカシが19本もあったのである。

雑木林の主役はクヌギやコナラだ。ところが、雑木林の中を歩いても、そうそうこれらの木の稚樹は見当たらない。もちろん秋、木の下に落ちたドングリは春になるといっせいに芽吹く。ところが、クヌギやコナラの稚樹は林内が暗いせいでうまく育つことができない。

クヌギやコナラの稚樹に対し、常緑樹のアラカシやシラカシの稚樹は日陰に強い。親木の見当たらない林へも、ドングリを食べるネズミやカケスによって、それらのドングリが運ばれてくる。そして林内で徐々に育ってゆく。

こうしたことから考えると、もともと学校周辺の林は、アラカシやシラカシが主役だったと考えられる。それが人間の手が入ることで、コナラやクヌギを主役とする雑木林へ変化していった。彼らは生長が早く、また切られても根株《ねかぶ》から芽を出すので、人間が定期的に木を切り使っていた雑木林の主役たりえたのだ。ところが、薪や炭は今はほとんど使われない。放ったらかしにされた雑木林には、林の元の主人のシラカシやアラカシたちが舞い戻り始めている。人知れず林の主役が交替するまで、あとどのくらいのときが必要なのだろう。

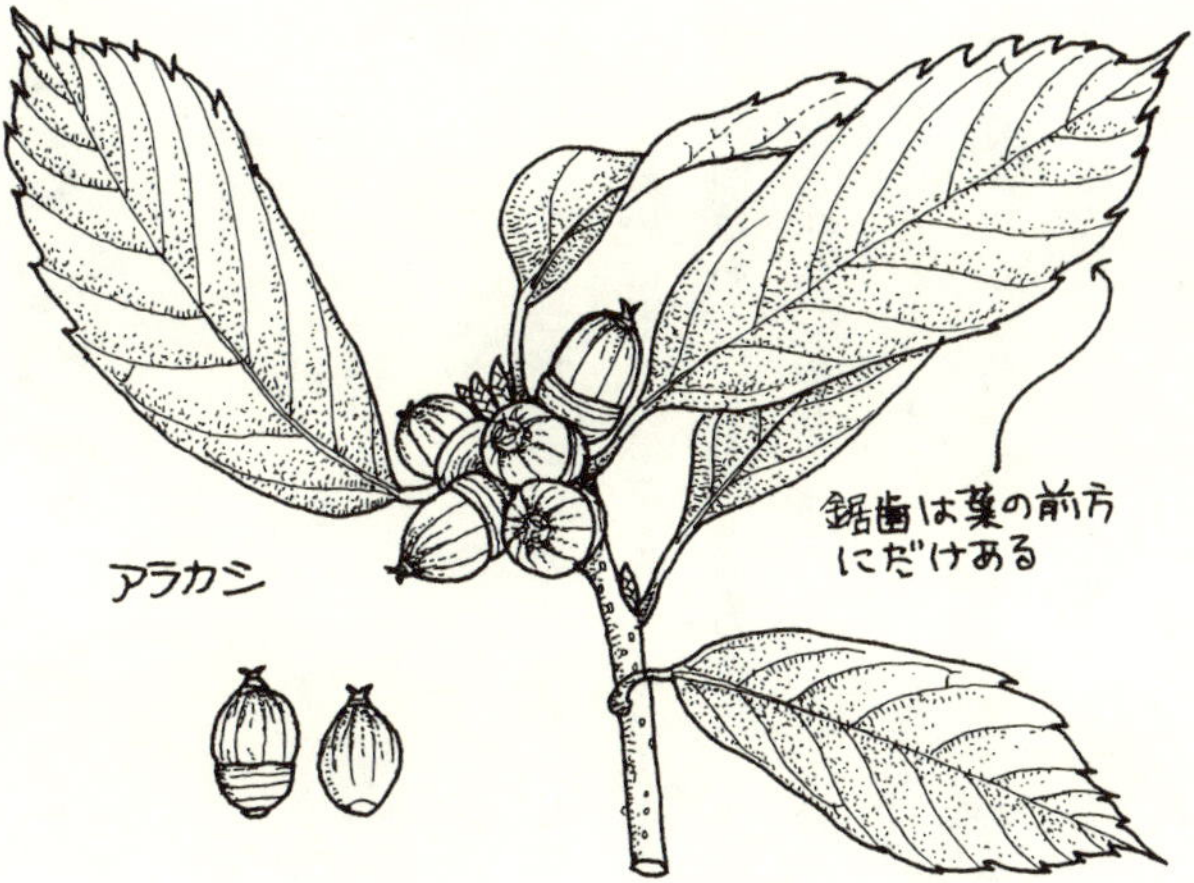
アラカシ
鋸歯は葉の前方
にだけある

冬虫夏草って知っている？【アラカシ】

冬虫夏草というキノコを知っているだろうか。

冬虫夏草は虫にとりつくキノコだ。ガンの特効薬としてもてはやされたこともあったから、名前ぐらいは聞いたことがあるかもしれない。冬虫夏草とひとくちにいっても、種類はいろいろだ。漢方薬として使われる主なものは、チベットの草原で見つかるコウモリガの幼虫にとりついた種類だ。

僕が埼玉の学校の教員になったばかりのころ、冬虫夏草が雑木林で見つかるとは思ってもみなかった。ところが林の中を歩きまわるうちに、「珍しい」と思っていた冬虫夏草が次々に目にとまるようになってくる。特に林の沢沿いは、冬虫夏草探しのポイントのひとつであることがわかってきた。

雑木林の沢で、僕が冬虫夏草を探すときに注目するのがアラカシの木だ。常緑のこの木は、沢沿いに生える木の中でもよくめだつ。そしてその葉裏を丹念に眺めてゆくと、ときに冬虫夏草が見つかるのだ。

アラカシの葉裏に付着しているのは、クモにとりつく冬虫夏草だ。その中で最も普通なのは、ギベルラクモタケである。これは一見するとただの小さなカビの塊にしか見えないものかもしれない。薄紫色の、ふさふさした毛のようなものが生えている塊だ。でもよく見ると、その塊からクモの脚が突き出ている。

もう一種類は、シロツブクロクモタケ。こちらも葉裏にぺったり張りついたクモから発生している。クモの腹部は白い綿毛状の菌糸に覆われ、そこから黄土色の小さな突起が点々と出ているというもの。いずれも、あんまりキノコらしくない形をした姿である。

「冬虫夏草？　知ってるよ。い、い、い、レアモノなんでしょ」

小学生のサマーキャンプで、冬虫夏草を見つけて彼らに見せたら、そんな返事が返ってきたのには笑ってしまった。けっこうなんでも知ってるもんなんだなあと思う。

「けっこう怖い」

山の中の沢沿いで見つけたハスノミクモタケを顕微鏡で拡大して見せると、女の子たちはそんなことも口にする。これまたなかなかグロテスクな形をしているからだ。

ところが、こんなことをしていたら、小学校2年生の男の子が冬虫夏草にはまってしまった。そして山小屋の水場近くの木の葉の裏に、白いものが付いてたよと報告に来る。これが採ってきてもらうと、ギベルラクモタケ。これにはとっても感心してしまう。小学生だろうと何だろうと、その気で見れば自然はその正体を明かすのだ。

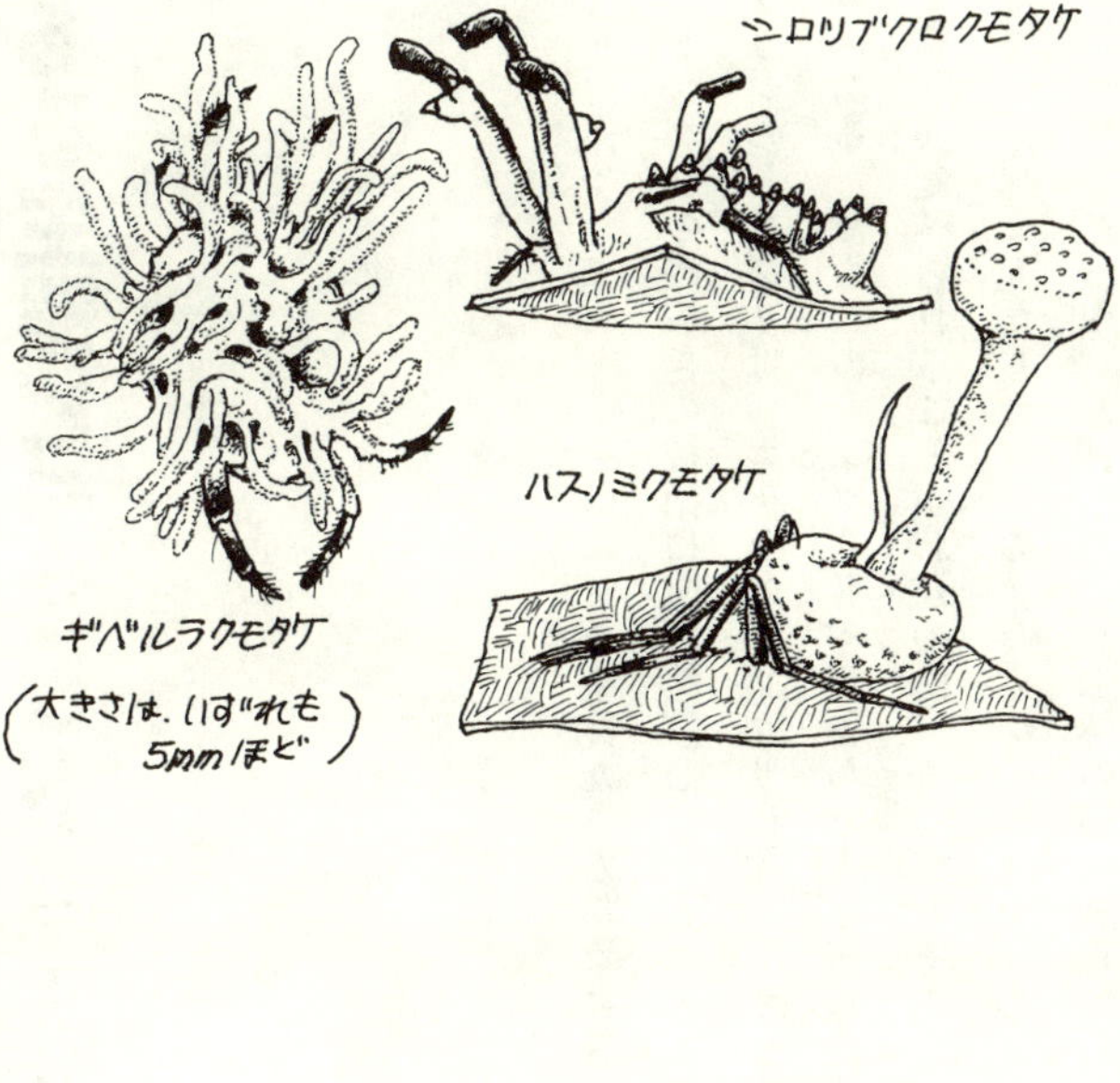
シロツブクロクモタケ
ハスノミクモタケ
ギベルラクモタケ
（大きさは、いずれも 5mmほど）

地下にもある生態ピラミッド【アラカシ】

「マズイ！」

「苦い！」

アラカシのドングリで作ったクッキーを口にした生徒たちが口々に言う。

これはまだ僕が、ドングリの渋抜きの技術に試行錯誤していたころの授業のひとコマだ。アラカシのドングリは、コナラのドングリに比べ、ずっと小粒。そして強い渋みがある。でもこのドングリも、ちゃんと水さらしで渋を抜いてやれば、コナラ同様食べられることがわかった。そしておそらく、学校周辺にかつて住んでいた縄文人たちは、このアラカシやシラカシのドングリを盛んに利用していたことだろう。というのも雑木林の植生調査でわかったように、もともと学校周辺はこうした常緑の木々の覆う林だったと思えるから。

雑木林の中で見つかるアラカシはいずれもまだ若い木ばかりだ。沢沿いなどではやや太いものも見られるけれど、それでも直径10㎝ぐらい。一方、神社へと出かければ、そこには直径40㎝以上のアラカシの大木がそびえている。

定期的に伐採された雑木林。材木を採るために一斉造林された植林地。古くからの植生が残る神社林。

「緑が多いよ」

学校周辺の自然を、生徒たちはひとくちでこう言うけれど、その「緑」の中身はいろいろだ。その違いを教えてくれる虫がまたいる。

アリヅカムシ。体長2㎜ほどの小甲虫である。一部は名前のとおりアリの巣の中に棲んでいるが、多くの種類は落ち葉の下でトビムシやダニなどの土壌動物を食べている。

このアリヅカムシは林によって見られる種類がずいぶん違ってくる。

アリヅカムシの研究者、ノムラさんに聞いた話では、原生的な自然の残る林では20種ほどのアリヅカムシが見つかるという。その一方で、雑木林など、人手の入った林では数種類しか見つからないそう。これはこの虫が、種類によって特定の土壌動物しか食べないから。生態系が乱されると、静かに姿を消してゆく虫なのだ。

「よく生態系ピラミッドで、上のほうにタカの絵が描いてありますね。でもそれは地上の生態系ピラミッドなんです。同じように地下にもピラミッドがあるんです。アリヅカムシはミクロな虫ですけど、地下のピラミッドの頂点にいるんです」

ノムラさんの言う、「地下のピラミッド」から見てみると、アラカシの生えていた原生林と比べ、雑木林は単純化された林と言える。

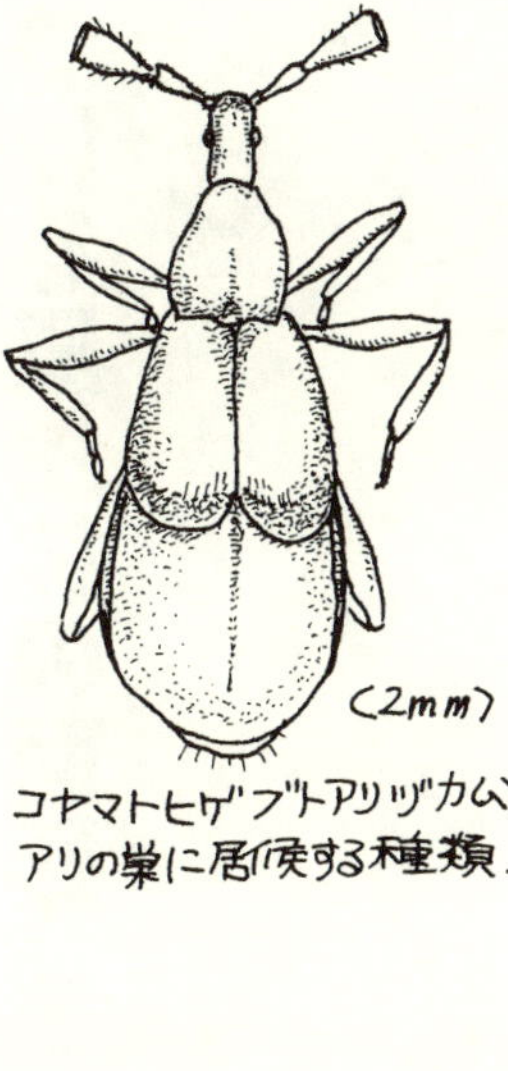

コヤマトヒゲブトアリヅカムシ
アリの巣に居候する種類.

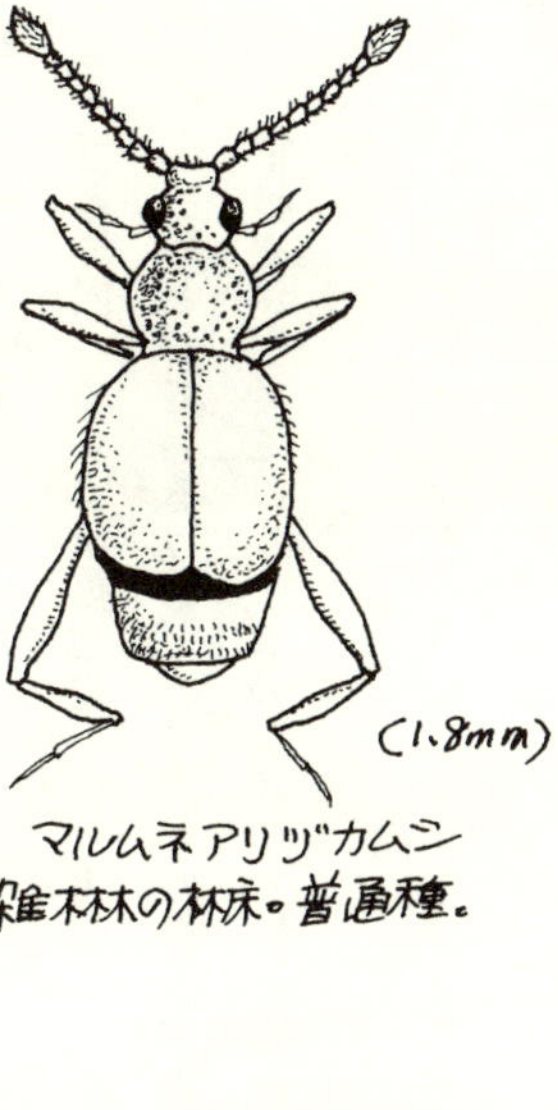

マルムネアリヅカムシ
雑木林の林床。普通種。

寺社で見つける原生林の面影【シイ】

「きっとあそこにあるぜ」

「オレもそう思う」

友だちのヤスダさんとそう言い交わす。

山際にあるとあるお寺の境内。めざすは墓地の一角に生える大きなシイの木だ。雑木林は落葉樹を主体としているけれど、こうした神社やお寺には、アラカシやシイなどの常緑樹が生えている。このシイの木の下は下草も少なく、日陰であるためいつも湿っている。

そして僕たちの予想どおり、そいつはそこで見つかった。ツクツクボウシタケ。セミの幼虫に取りつく冬虫夏草と呼ばれるキノコの一種だ。この日シイの木の下で、5本のツクツクボウシタケが見つかった。

沢沿いのアラカシの葉裏についているクモタケの仲間は、一見してキノコとはわかりづらい姿をしている。それに対してセミの幼虫にとりつく冬虫夏草は立派だ。ツクツクボウシタケなら、幼虫の頭部近くから薄黄土色の肉質の柄が立ち上がり、その上部が枝分かれして、白色の粉質のものをつけた頭部が地上に姿を現す。この粉質のものが胞子である。

セミタケの仲間にも種類がある。夏の盛り、ツクツクボウシの幼虫に発生するのがツクツクボウシタケだ。その名もセミタケという種類なら、梅雨の終わりごろ、ニイニイゼミの幼虫から発生する。

冬虫夏草は薬用になると書いたが、このツクツクボウシタケを乾燥させたものも、中国では薬として利用している。知人にツクツクボウシタケの焼酎漬けをもらって飲んだことがあるけれど、その味はおいしいというものではなかった。

夏から秋にかけて、雑木林ではクモタケ類やサナギタケ、ハナサナギタケ、オサムシタケといった冬虫夏草を見つけることができる。ただ、長い間僕らはセミタケの仲間を見つけることができずにいた。そしてこの日、ある予想をもって探してみたらドンピシャと行き当たったというわけ。

サナギタケは沢沿いの雑木林の林床で見つかることが多いのだけど、セミの幼虫にとりつくものはどうやら神社の境内で見つけやすそう。そう思ったのは、埼玉以外でいくつかのそんな発生地を教えてもらったからだ。そこで似たような環境を探してみたのだ。

セミに取りつく冬虫夏草は、雑木林より、原生的な自然を好む種類に思える。身近な自然の中で、そうした自然の断片をわずかに伝えるのが寺社の敷地だ。雑木林でも冬虫夏草は見つかるが、同時にそこでは見つけにくいものもある。

シイ
セミタケ
ツクツクボウシタケ

コラム①
眠り姫の卵探し　コナラ

冬の雑木林ならではの探し物がある。友人のヤスダさんが一時、チョウにはまった。

チョウの中にはゼフィルスと呼ばれる小型のシジミチョウの仲間がいる。翅が青や緑に輝くとても美しいチョウだ。ただし成虫の出現期は短く、樹々のこずえを飛びまわるため、採集は容易ではない。僕はチョウ自体にうといこともあって、近所の雑木林でその姿を見た記憶がなかった。そんなゼフィルスの採集法に、冬の卵採集があるとヤスダさんが言いだす。そこでふたりして林へ出かけてみた。

木の幹を巡ることわずか数本。それらしき卵があっさり見つかったので驚く。

僕らが探したのはオオミドリシジミの卵。幼虫の食草はコナラだ。同じコナラでも、やや日陰になったところの、幹から直接突き出た小枝でよく見つかる。これが毎日出勤する学校の敷地内の林だったので余計びっくりしたのだけれど。

3月25日に孵化した幼虫は、5月16日にはピカピカに光るチョウになって僕らを感激させた。オオミドリシジミの幼虫期は2ヵ月ほど。成虫の寿命も1ヵ月。あとの9ヵ月は卵の状態だ。

オオミドリシジミは冬を越すだけでなく、一生のほとんどを卵で過ごす。それは幼虫が春、新しく展開した若々しい葉だけを食べて暮らすため。ゼフィルスは美食家なのだ。そしてまた大変な眠り姫でもある（いや美しいのはオスだから、眠り王子？）。

第2章 雑木林の多彩な面々

ヤブツバキ

花のイカダは何のため？

【ハナイカダ】

「ドングリの木」が雑木林の主役なら、雑木林にはほかにもさまざまな脇役たちが存在する。

春、まだほかの木々が芽吹いていないなかで、真っ先に花を咲かすのがキブシだ。

低木のキブシは林縁部に多い。枝先から垂れ下がる柄に、薄黄緑色の花をいくつもつける。僕はこのキブシの花から春の足音を感じる。

キブシのように、林の中でも決まった場所でしか見られない木はほかにもある。ほとんど這《は》いつくばるように生えるクサボケは、林道わきや雑木林に面した谷戸田のあぜなどに生えている。春、朱色の花を咲かせているときばかりはめだつものの、そのほかの季節はそこに生えていることさえ、とんと見落としがち。でも秋になってよく探すと、方言でシドケと呼ぶ直径3㎝ぐらいの実がなっている。「春、あんなにたくさんの花が咲いていたのに」と思うほど、実は数少なくしか見つからない。この実は堅く、そのままでは食べられないが、果実酒にするといいニオイのお酒になる。

雑木林の中を流れる沢沿いに生える低木がハナイカダだ。初めて見ても、その名前とすぐ結びつけられる独特な姿をしている。そう、ハナイカダは葉っぱの上に花を咲かせている。

ハナイカダの花は薄黄緑色で、ごく小さい。よくよく見ると葉っぱに乗っかっている花に2タイプあることがわかる。ひとつは1個から3個ほどの花が、葉の上にちょこんと乗っているもの。もうひとつは、短い柄のついた花が、さらに多数、葉っぱから咲いているものだ。前者が雌株に咲いた雌花で、後者が雄株に咲いた雄花である。

「なんでこんなふうな花をつけるのだろう?」

気になって調べてみてナルホド。正確に言うとハナイカダは葉っぱから直接花が咲いていたわけじゃないのだ。花をつける柄が、葉脈と合体したため、葉っぱの上に花が乗っているように見えるのにすぎない。

それでも、なぜ花の柄と葉脈を合体させたのか、という疑問は残る。

夏、ハナイカダの雌株は実をつける。葉の上に、黒く多汁質の実が1個から3個、くっついている。試しにひと粒採って食べたら、薄甘い味がした。

この実の姿を見て思うことがある。緑の葉の上に、黒い実が乗っかっているとなかなかめだつのだ。これは鳥を引き寄せて、種子をまいてもらうには都合がいい。ハナイカダの花は、ごく地味で、わざわざ葉っぱの上に乗せる必要性はなさそうだ。だからハナイカダは本当は、ミイカダなんだと僕は思う。

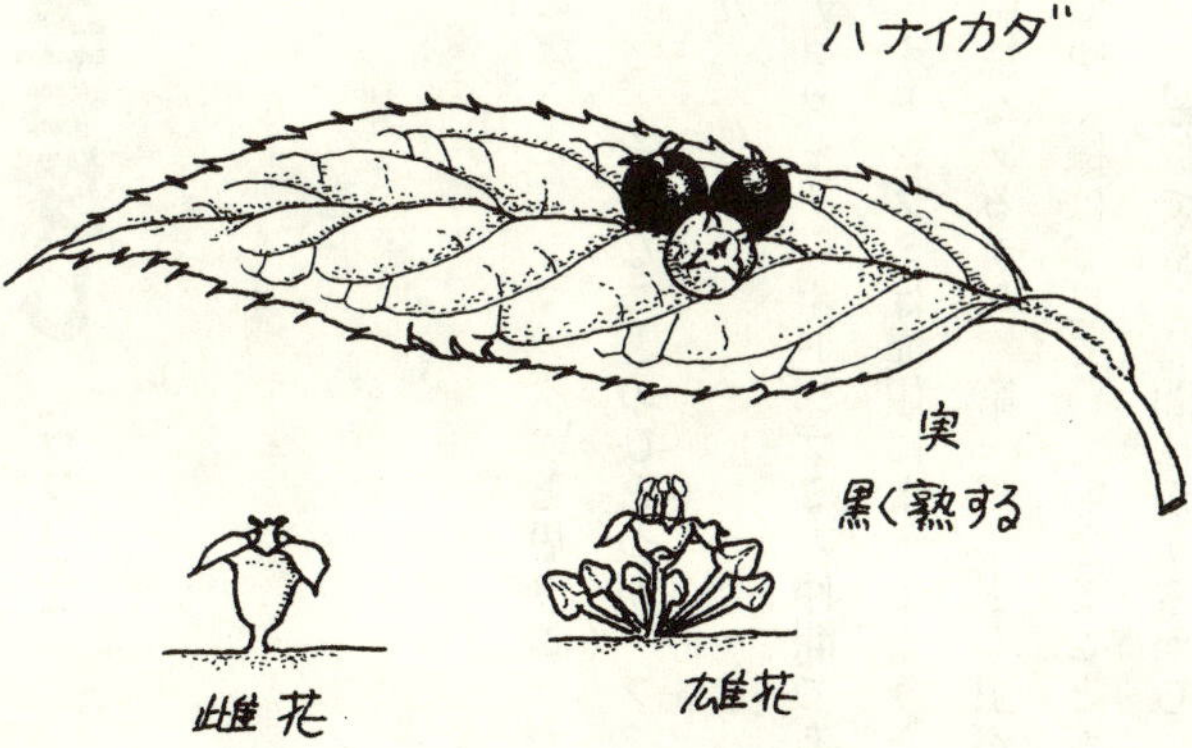
ハナイカダ
実
黒く熟する
雌花
雄花

雑木林の宝石探し【ウリカエデ】

春は駆け足だ。

そして僕には毎年のように「シマッタ」と思うことがある。見ようと思ったときは、「もう遅い」と。そんなことのひとつが、ファウストハマキチョッキリのようらん作りだ。

ファウストハマキチョッキリもオトシブミの仲間である。僕がオトシブミの仲間が好きなのは、オトシブミは種類によってようらんを作る植物も違うし、葉の巻き方にも個性があるから。第一、小さな虫が、エッチラオッチラ大きな葉を巻き上げてゆく様は、見ていて飽きることがない。ただしオトシブミのようらん作りは、最低でも2時間はかかるから、それなりのヒマと根気は必要だけど。

ファウストハマキチョッキリのようらん作りは、ほかのオトシブミ類に先駆けて、春一番に行なわれる。材料となる葉は、コナラ、シデといろいろあるが、よく目にとまるのがウリカエデだ。ウリカエデはさほど高木とならない木だ。葉は軽く三つ叉に分かれているが、モミジのような深い切れ込みはない。生えていても、ほとんど目にとまらないような雑木だろう。ただ、春先、僕がウリカエデをついつい探してしまうのは、この葉でようらんを作るファウストハマキチョッキリが、赤紫色に輝く宝石のように美しい虫だからだ。

体長5㎜。宝石と呼ぶにはあまりに小さいが、雑木林の春の虫の中で、ピカイチの美しさを誇るものだろう。これに並ぶものとしては、やはりオトシブミの仲間のドロハマキチョッキリが挙げられる。こちらは緑色に輝き、イタドリやサルナシの葉を巻いてようらんを作る。

いつも気がつくと、ファウストハマキチョッキリのようらん作りは終わっていて、その作品ばかりが目にとまる、ということを繰り返している。オトシブミが1枚の葉に切れ込みを作ってようらん作りをするのに対して、チョッキリと呼ばれる虫たちは、何枚かの葉をつづり合わせて、長い葉巻型のようらんを作る。葉のつけ根は、半ばかみ切られているため、この葉巻がダランと枝からぶら下がっているのだ。体の小さなファウストハマキチョッキリの作るようらんは、せいぜい5㎝ほどの長さにすぎないが、ひと回り以上体の大きなドロハマキチョッキリの作るようらんは、長さ10㎝以上にもなる。

ようらんの中で孵化《ふか》した幼虫は、この中を食べて育ち、やがてようらんを脱し、地中に潜ってさなぎとなる。しかし春先の一時繰り返し思い出すものの、ほかの時期の彼らを、僕はまだとんと知らない。

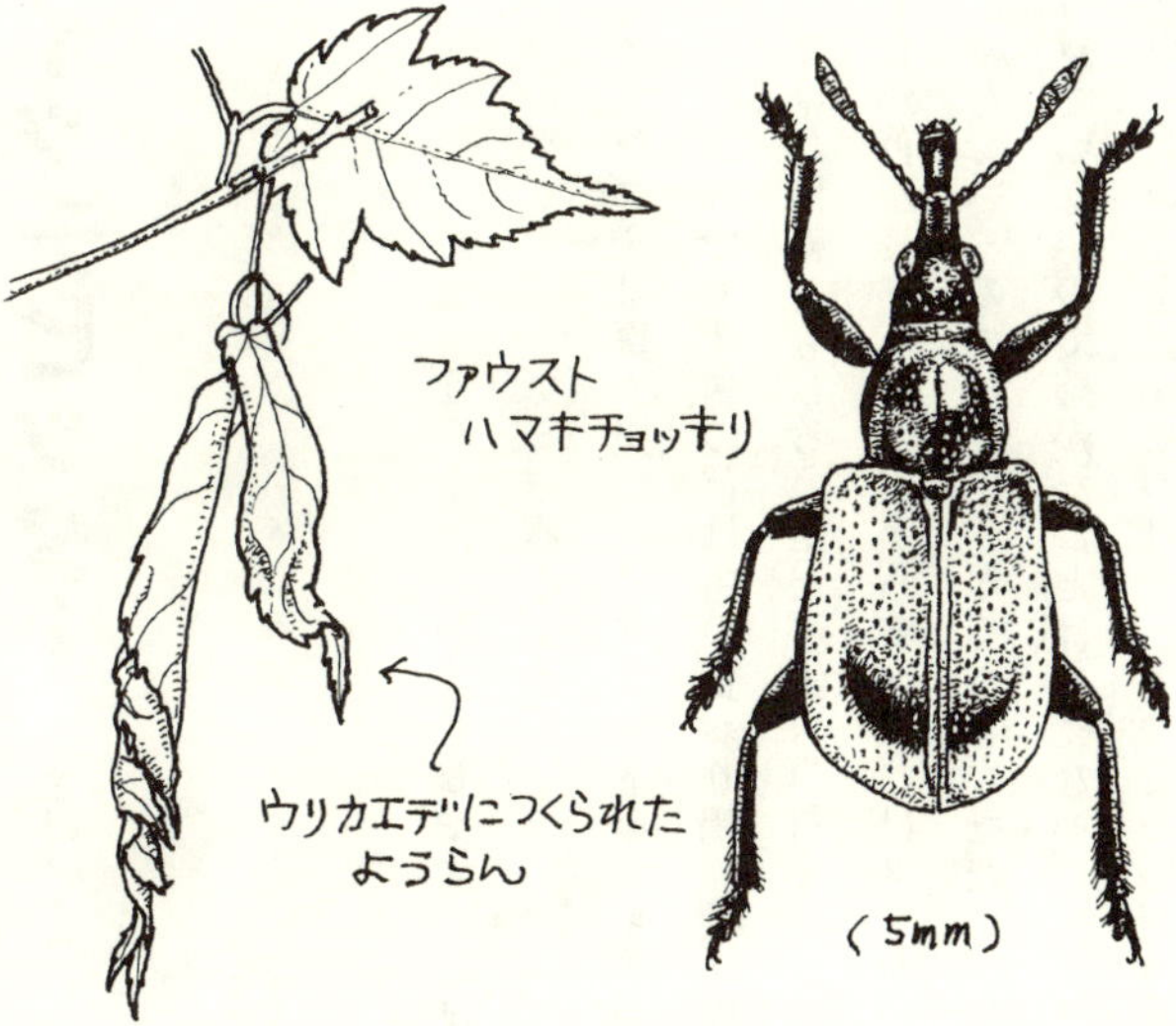
ファウスト
ハマキチョッキリ
ウリカエデにつくられた
ようらん
（5mm）

林のスイッチヒッター【エゴノキ】

オトシブミの仲間で、最もようらん作りが観察しやすいのは、エゴノキの葉を巻く、エゴツルクビオトシブミだろう。

エゴツルクビオトシブミは真っ黒で、ファウストハマキチョッキリに比べ、ずいぶんと地味だ。それでもオスの首は名のとおり鶴首状に細長くなっていて、これはこれで見た目におもしろい虫だ。オスの首の長さには個体差がある。また、オスしか首が長くないことからも、これはメスをめぐってのオス同士のケンカに絡んでいるのではと思いたくなる。ただし、僕はオス同士のケンカを一度も見ていないので確かなことは言えない。

エゴノキは初夏、白い花を満開につけたときはよくめだつ木だ。春、まだ花の咲く前、林縁に生える背のあまり高くないエゴノキの下に行ってみよう。葉のところどころに、丸い穴がパンチャーで開けたようについていれば、これがエゴツルクビオトシブミの食痕だ。ていねいに見ていけば、首の長くないメスがようらんを作る姿も、きっと目に入ってくるだろう。

エゴノキの木の下でようらん作りを眺めていて、気になることが出てきた。メスは、1枚の葉の縁から、やや曲がった切れ込みを入れてゆく。葉の反対側の縁近くでこの切れ込みは終わり、切れ込みを入れた先の葉を二つ折りにし、これを端から丸めてようらんを作る。できあがったようらんは葉の一部でぶらぶらぶら下がった状態になるわけである。

ところがこのようらん、2タイプあるのだ。葉の表から見て、右側の縁から切れ込みを入れたものと、左側の縁から切れ込みを入れたものだ。右側の縁から切り始めると、切れ込みは「し」の字を寝かせた形になる。そして右側から切れ込みを入れた場合は、二つ折りにした葉を時計回りで巻いている。左側から切り込みを入れた場合はこの逆となる。

つまり右巻き左巻きが同時に見られるのだ。試しに木についているようらんを数えてみたら、右巻きと左巻きが、それぞれほぼ同数あった。

これは人間の右利き、左利きのようなものだろうか？

メスを持って帰って、飼育ケースの中でようらん作りをさせてみる。その結果。どうやら、1匹のメスでも右巻きと左巻きをこなすらしいことがわかった。あるメスは、9個のようらんを作ったが、そのうち右巻きが4個、左巻きが5個だったのだ。オトシブミはスイッチヒッターなのだ。でもなぜ、こんなふうにようらんの巻き方を変えるのかは「？」のまま。

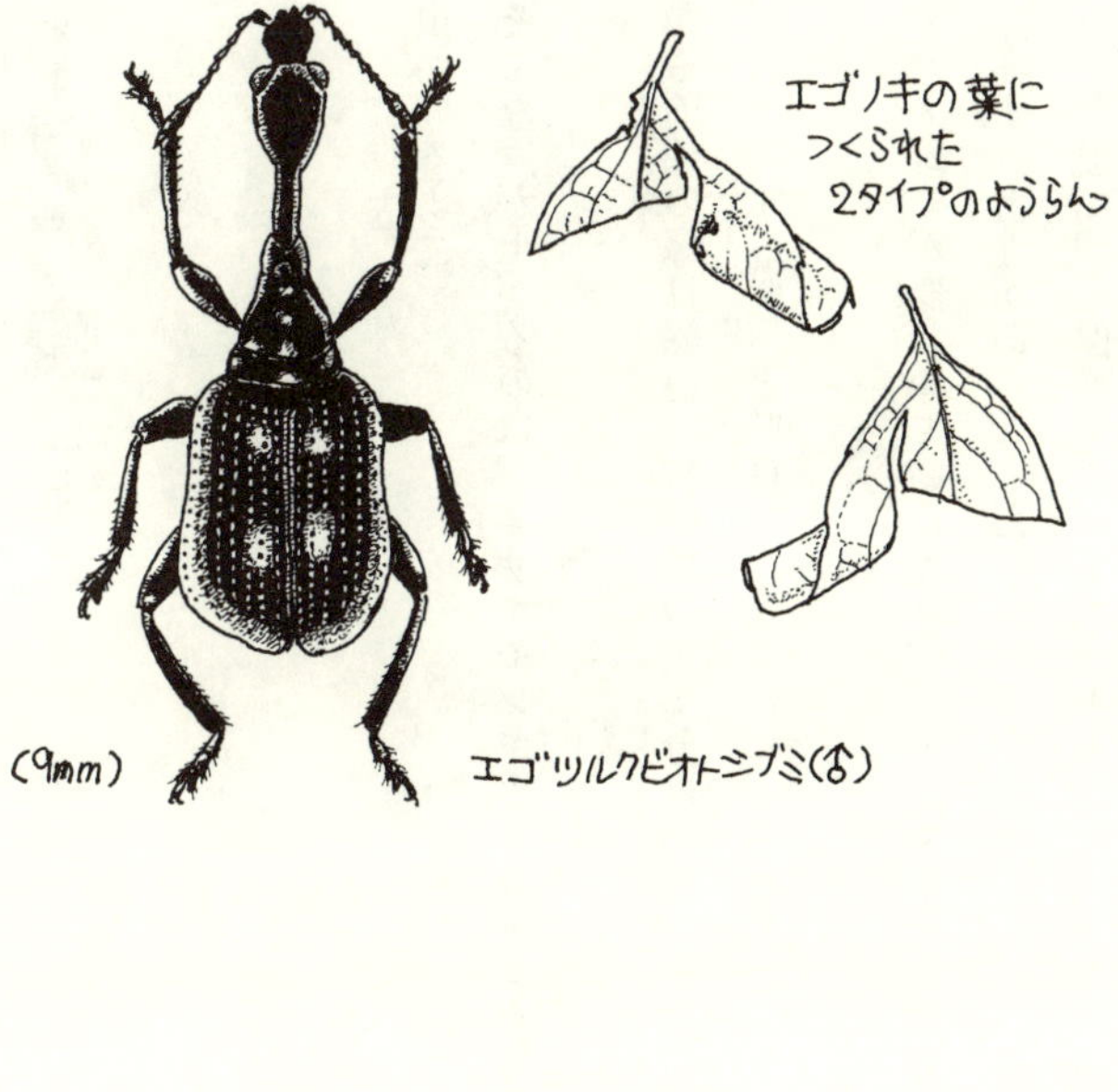
エゴノキの葉に
つくられた
2タイプのようらん
(9mm)
エゴツルクビオトシブミ(♂)

ハートマークの虫【ミズキ】

「ハートマークの虫がいるよ」

林を歩いていてそんな声が上がるのは、エサキモンキツノカメムシを見つけたときだ。

体長1〜2㎝。頭や前翅《ぜんし》の縁は緑色。胸や翅《はね》の大部分は褐色。そしてなんと言っても特徴は、背中の小循板《しょうじゅんばん》と呼ばれるところに、黄色のハート形の紋があることだ。

エサキモンキツノカメムシが変わっている点は、ハートマークだけではなくて、母親が卵を保護する習性があることだ。

7月下旬、ミズキの葉裏で卵を保護しているエサキモンキツノカメムシを見つけた。

ミズキは雑木林で普通に見られる木だ。すっと伸びた幹に、枝が輪生している姿で、見慣れてしまえばすぐそれとわかる。ミズキという名前は、春先に太い枝を切ると、切り口から水が滴り落ちることによる。また材木は軟らかく加工しやすいため、コケシの原料にも使われる。

エサキモンキツノカメムシの卵は、ミズキの葉裏に50個ほども固めて産みつけられる。そして母親は産卵後、その卵塊に覆いかぶさるように止まり保護をする。

試しに指を近づけてみると、指を向けたほうへ体を傾けて卵を保護しようとした。それだけでなく、翅を広げてぶんぶん震わせて威嚇するのにビックリ。一般のカメムシは、卵塊を作るが産みっぱなしだ。それに比べ、エサキモンキツノカメムシの母親はけなげである。

別の年の7月初旬、中学1年生の女の子が「エサキモンキツノカメムシが卵を守ってた」と言って持ち込んできたのには驚いた。よくこの虫の名前を知っていたものだ（理由を聞いておけばよかった）。

彼女が持ち込んだのは、ハナミズキの葉に止まった母親だった。ハナミズキはミズキ科の植物で、よく鑑賞用に植えられる木だ。カメムシの母親は、卵塊がついた葉をちぎって運ぶ間も、その葉から動こうとはしなかった。そしてよく見ると卵はすでに孵化して幼虫になっていた。孵化したばかりの一齢幼虫は、全身黄緑色でいかにも弱々しい。母親の保護は、こうして卵が孵化した後も続けられる。

3日後、幼虫は脱皮し二齢になった。二齢幼虫は頭や胸が濃い緑色となり、一齢に比べれば、ずいぶんしっかりとした印象を受ける。そして僕はそこまで観察できなかったが、二齢になると幼虫は集団で実へと移動し、親の保護は終わるという。

このカメムシのハートマークはダテじゃない。

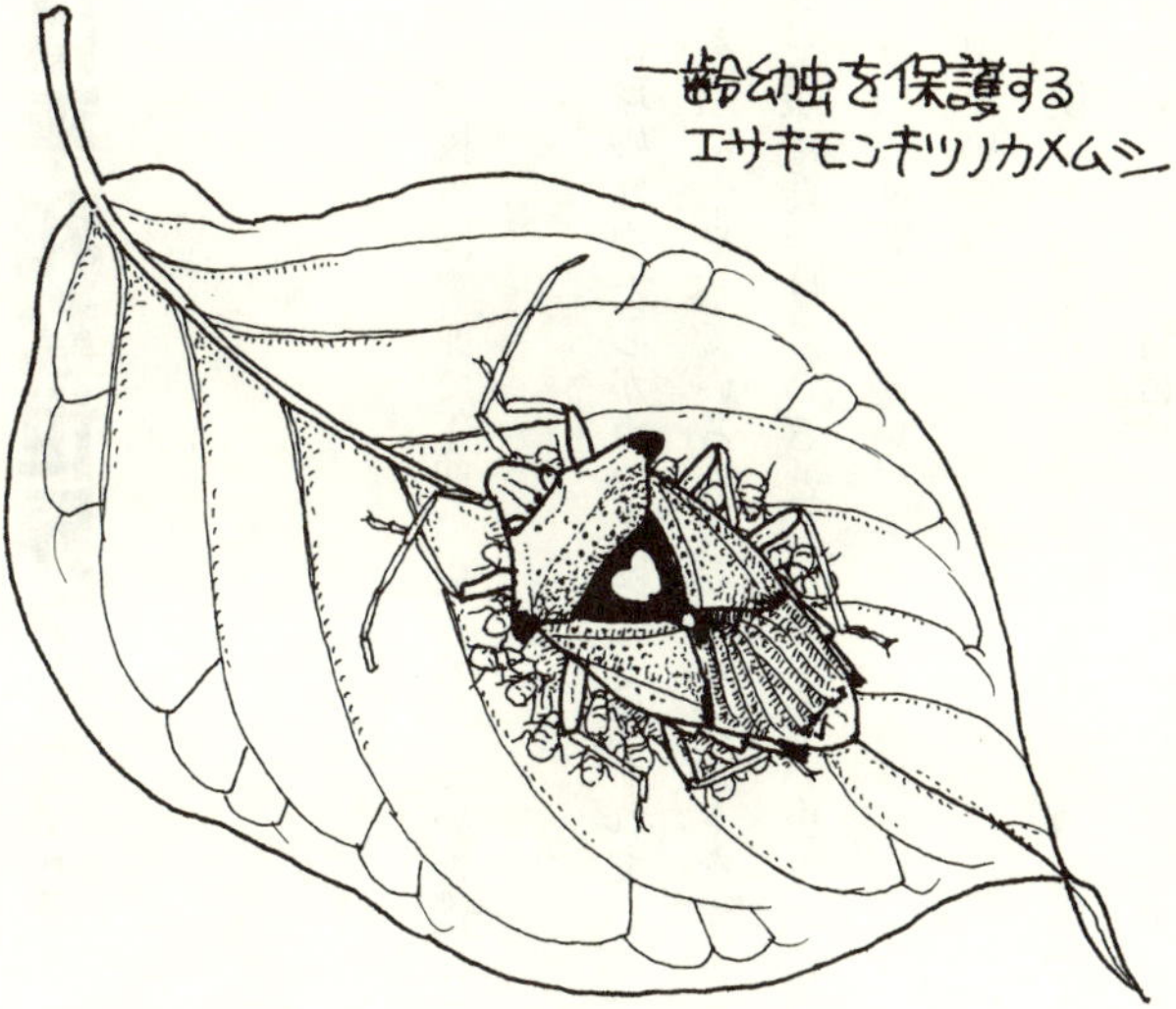
一齢幼虫を保護する
エサキモンキツノカメムシ

雑木林は平和な世界？

【ニワトコ】

小学生のとき、学校の図書館で1冊の虫の本を開いた僕は、自分の目をうたぐった。

そこにはじつに珍妙な虫たちがカラー図鑑で描かれていた。体に比べ不相応に大きなトゲを頭に生やしているもの。ヘルメットをかぶったようなもの。中には串ダンゴを頭に乗っけているとしか思えない虫もいた。これらはすべてツノゼミという虫の仲間だと書いてある。

「本当にこんな虫がいるの？」

そう思いつつ、僕はその虫の姿を夢中でノートに写し取った。そしていつかその虫がいるという南米、特にアマゾン川へ行くのが夢となった。

僕に生き物の奇妙さ、おもしろさを強烈に教えてくれたこのツノゼミ、探してみると雑木林周辺にもいる。トビイロツノゼミという種類がいちばん普通に見つかるもので、これは特定の木にいるということはない。草の茎に止まっていることもある。単独で行動し、草や木の汁を吸う、6㎜ほどのこんな虫に気づくことは、ほとんどないだろう。トビイロツノゼミは、林縁でよく見かける。林縁部の草や、木なら明るい場所を好むニワトコに目を配っていれば見つかるはずだ。

ただ、あこがれのアマゾン川のツノゼミに比べ、トビイロツノゼミはあまりに地味だ。色もこげ茶色だし、だいたいツノゼミの最大の特徴である、奇妙な「ツノ」が頭についていない。単なるこぶ状のでっぱりがわずかにあるぐらいだ。それでも幼児体験でツノゼミに対してある種の刷り込みがなされている僕は、この虫を見るたびにうれしくなっちゃうんだけど。

念願のアマゾン川に出かけてゆけたのは、教員になってからだった。そしてまさに昔、本で見て目をうたぐった「串ダンゴ虫」を見ることができた。

そしてアマゾン川でもツノゼミは、林縁の明るい場所に生える低木の木の上に止まっていた。これが見てびっくりだったのは、やっぱり体長5㎜ほどだったこと。本の絵ではとても大きな虫と思えたのに。そしてこのサイズだと、背中の串ダンゴはアリのようにも見えるのだ。アリは案外嫌がられている虫で、その姿を借りるアリもどきの虫やクモは多い。串ダンゴではなく、アリの模型を背にしょっていた虫だったわけ。

熱帯に種数が多いツノゼミだが、そのうちのいくらかは北方へ足を延ばし、こうして雑木林周辺でも見かける。彼らがトゲやアリの模型を背から取り払ったのは、虫たちにとって雑木林は熱帯に比べれば平和な世界だということなのだろうか。

ツノゼミいろいろ

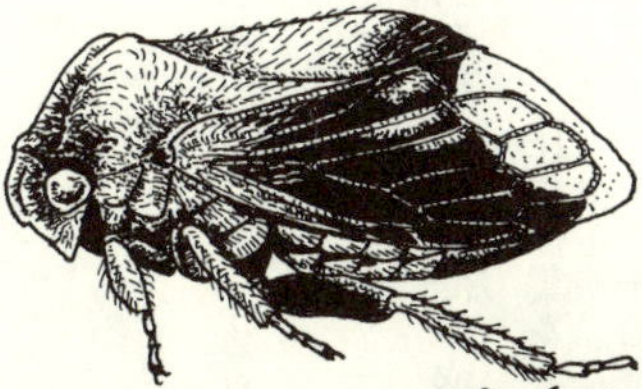

トビイロツノゼミ
（6mm）

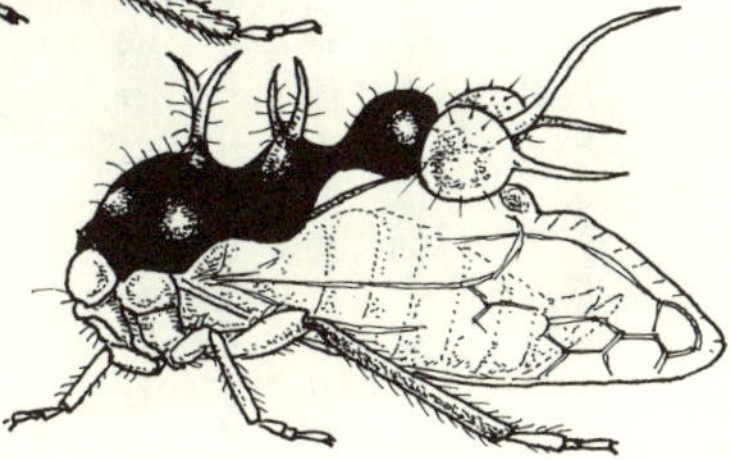

ミツコブツノゼミ
エクアドル産
（4.5mm）

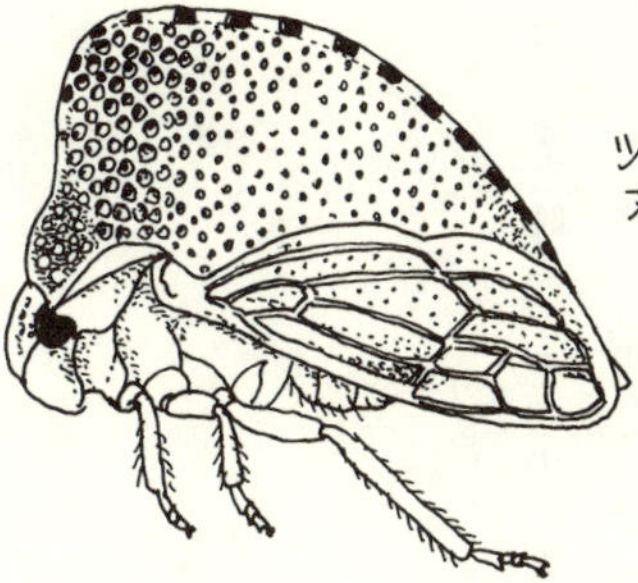

ツノゼミの一種
アメリカ産
（7mm）

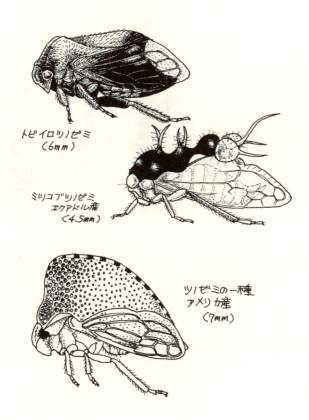

ササヤブからの謎の声

【アズマネザサ】

「あなたは何屋ですか？」

そう聞かれて返事に戸惑ったことがある。

虫が好きで昆虫採集をせっせとしたりする人々を虫屋と呼ぶ。その中にもまた専門によって、チョウ屋とかカミキリ屋とかがいる。僕に質問をした人はハネカクシ屋だった。でも僕は何々屋というものがない。そもそも虫屋かどうかも怪しい。

ある日、カメムシ屋の知人と林を巡った。

「これはオオメナガカメムシです」

体長4㎜ほどのカメムシを見て、こともなげにノザワさんが言う。カメムシといっても種類はいろいろだ。小さなものになれば、たとえそこにいてもちっとも目に入ってはこないだろう。ところが専門家はスゴイ、と思う。いつもの林歩きと違い、この日はカメムシがやたら目に入ってきたのだから。

ある日、今度はひとりで林縁をぶらついていた。そのとき、アズマネザサのヤブで、チーッというかすかな連続音が耳に入ってきた。アズマネザサは林縁にヤブを作っていることもあるが、林内にはびこると林に入ることができなくなるやっかい者だ。学校周辺ではシノダケの名で通っている。

「何だろう。気のせいかな？」

少しずつ移動し、耳をあちこちに向けてみる。気のせいではない。確かにササヤブから声がする。

「小さなキリギリスの仲間かな」

でも季節はまだ初夏だ。鳴く虫が出現するには早すぎる。さらに耳を頼りに探っていくと、ササの稈《かん》そのものから声がすることがわかった。でもまだ虫の姿は見えないまま。

ササは、タケと違って生長しても節のところにタケノコの皮が残っている。その皮をはいでみた。途端にワラワラと、体長5㎜の平たい小虫が逃げ惑う。小型のカメムシだ。名前はもちろんわからないけど、それにしてもこの虫が鳴いているとは思えない。

それからしばらく音を追い続ける。皮をめくって出てくるのはこのカメムシばかり。稈を割ってもほかに虫はいない。稈を切って持ち帰り、花ビンに挿したらそれでも声がする。その持ち帰った稈の皮の下にもカメムシがいた。信じ難かったけど、このカメムシが鳴いているとしか思えない。

ノザワさんに標本を送ったところ、この虫の名はニッポンコバネナガカメムシ。普通種とのこと。そして発音は今まで知られていないともいう。こんな小さな虫が人に聞こえる音を出せるのは、ササの稈に共鳴させているためかとも考えてみる。さて、外へ出てササヤブで耳を澄ましてみよう。

ニッポンコバネナガカメムシ
(5mm)

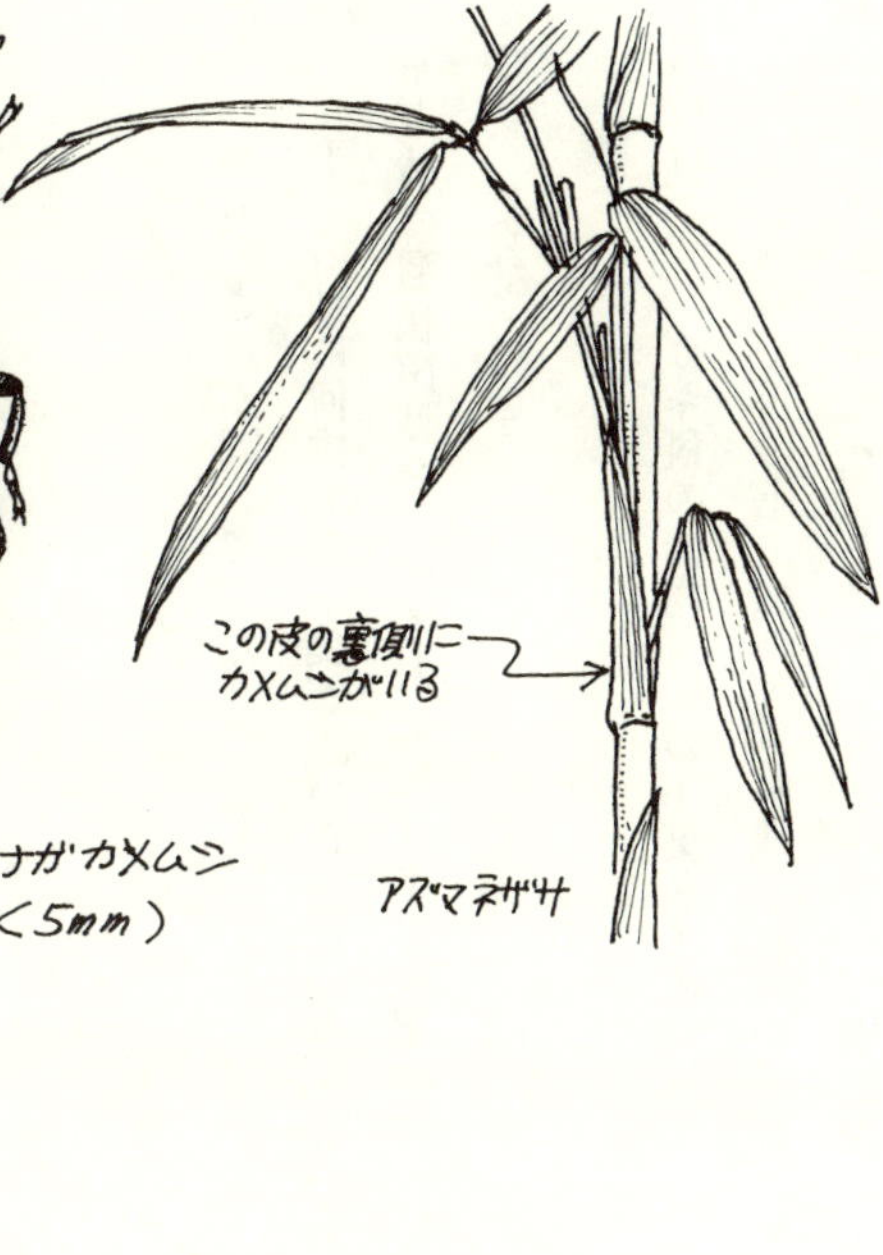

カイコとシンジュサン

【ニガキ】

「これは何の木？」

林を歩いていたら、ヤスダさんが聞いてきた。

沢沿いに生える木。1本の軸に何枚もの小葉がついた羽状複葉《うじょうふくよう》と呼ばれる葉をつけている。雑木林で羽状複葉をつける木には、ヤマハゼやヌルデといった木があるけれど、それとは違う。

「ニガキかな？」

ニガキはミカン科に近い、ニガキ科の植物。その小葉を1枚採ってかじってみたら、苦い、苦い。しばらく舌の上に強い苦みが残った。やっぱりニガキだった。ニガキに含まれる苦み成分はクァッシンと呼ばれ、樹皮を薬として使うという。

「この木に去年、シンジュサンの幼虫がいたんだよ、ホラ、今年もここにいる」

ヤスダさんの指すほうを見ると、白地に黒点のあるイモムシが葉を食べていた。

シンジュサンとは「シンジュにつくカイコ」という意味だ。シンジュは中国原産のニガキ科の木で、日本には明治時代に渡来した。植木などに使われる木であり、正式にはニワウルシという。

カイコはクワの葉だけしか食べないけれど、シンジュサンの幼虫は驚くほど雑食だ。ネズミモチやバラ、ニンジンの葉まで食べるという。苦いニガキもなんのその。やつらには味覚がないのだろうか。

シンジュサンは、カイコの仲間ではない。カイコは、カイコガ科の虫で、シンジュサンはヤママユガ科の虫だから。そのシンジュサンに「蚕《さん》」という名がつけられているのは、カイコ同様、マユが利用されるからだ。

ヤママユガも別名は「天蚕《てんさん》」と呼ばれる。ヤママユガの幼虫は、クリやクヌギなどの葉を食べ、緑色がかった黄色のマユをつむぐ。冬に雑木林を歩けば、葉を落としたこれらの木々の枝で、ヤママユガの空のマユを見ることがある。ヤママユガのマユから採った糸には美しい光沢があり、「繊維のダイヤモンド」とも呼ばれる。糸を採るために、一部ではヤママユガは人によって飼育もされているのだ。

シンジュサンのマユは、ヤママユガのマユに比べ細長く、5㎝ほどの長さだ。葉の葉柄《ようへい》をマユの一端がしっかり包み込み、マユの一面はぺったり葉にくっついている。マユの色は褐色を帯びた灰色だ。

シンジュサンのマユは、ヤママユガほど美しくはない。それにマユから糸を採るのも、ヤママユガやカイコよりやっかいらしい。それでもヨーロッパには、1845年にわざわざ移入されたと図鑑にあるから、それなりに利用できる虫らしい。

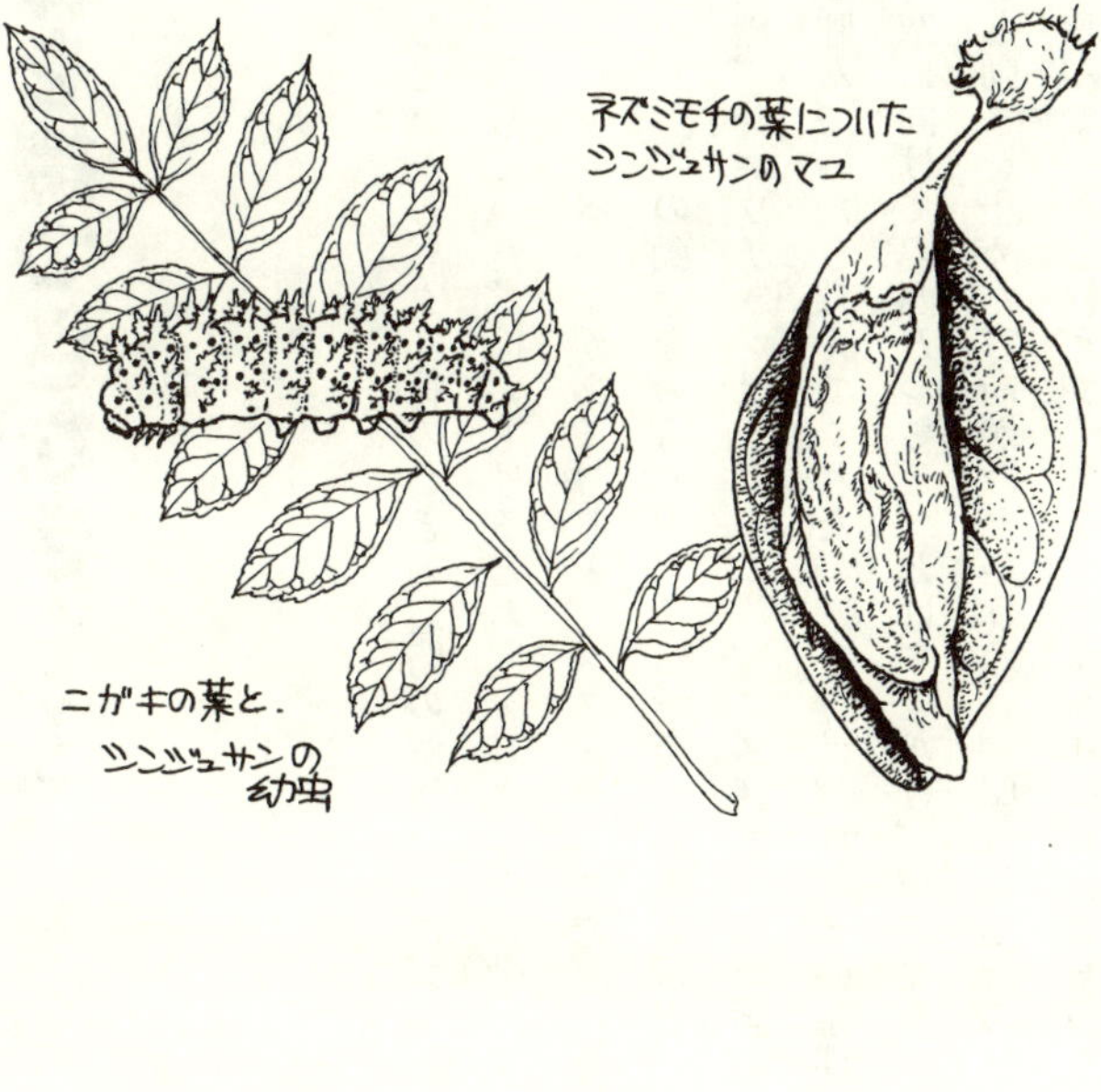
ネズミモチの葉についた
シンジュサンのマユ
ニガキの葉と.
シンジュサンの
幼虫

ゾウの鼻を持つさなぎ

【クサギ】

家の近所を散歩していたら、クリ林のわきの道路の側溝に、スズメガの大きなさなぎが転がり落ちていた。拾い上げるとお尻をビクビクと動かす。さなぎというと不動というイメージがあるけれど、スズメガのさなぎはとにかくお尻をよく振るのだ。この動きをおもしろがる伝承遊びがあるほど。

和歌山出身の同僚、シュウチャンは子供のころ、スズメガのさなぎのことを「西どっち」と呼んでいたと教えてくれた。遊び方は、さなぎの頭部を指でつまんでお尻を空に向けて「西どっち？」とはやすだけ。ビクビクお尻を振った後、ピタリと動きを止めた方向が西というわけ。屋久島出身のケンタは「東西南北」と呼んでいたと教えてくれる。サツマイモにはエビガラスズメの幼虫が取りつくけれど、イモ掘りのときに、土中からさなぎが出てくると同じようにして遊んだというのだ。沖縄にも、「唐はどっち？　さなぎさん」と歌いながら遊ぶ風習があったという。

「えーっ？　そうしたら船に乗るときに、このさなぎを持っていったの？」

この話をしていたら、生徒のキッキがそう言ったのには笑ってしまったけど。もちろんさなぎのお尻がちゃんと西を指して止まるわけじゃないからだ。調べてみると、クリ林わきの側溝に落ちていたのはクリの葉を食べるクチバスズメのさなぎだった。どうやら木から下り、土中に潜ろうと歩きまわるうちに側溝に入り込んでしまい、あきらめてそこでさなぎになったものらしい。

スズメガのさなぎはこうした伝承遊びもおもしろいけれど、外見上にも興味深い点がある。

クチバスズメのさなぎは体長50㎜。頭部にギザギザのある小突起を持つが、ほかにはこれといって変わったところはない。ところが雑木林の林縁に多いクサギの葉を食べるシモフリスズメは変わっている。クサギの葉はもむと臭《くさ》い。そのまんまの名前だ。それでも若葉はアクを抜けば食用となるし、秋の赤いガクを伴った青い実は、なかなか美しくもある。そんなクサギにつくシモフリスズメのさなぎには「ゾウの鼻」のような突起がついているのだ。これは成虫の口に当たる部分だ。シモフリスズメの成虫の口は長く、伸ばすと92㎜にもなる。

でもチョウの口も長いけど、さなぎにこんな突起はついてないぞ？　それにさなぎに「ゾウの鼻」のついていないキョウチクトウスズメなどにも、成虫には立派な長い口がある。さなぎの「ゾウの鼻」のあるなしはナゼ？

スズメガのサナギいろいろ

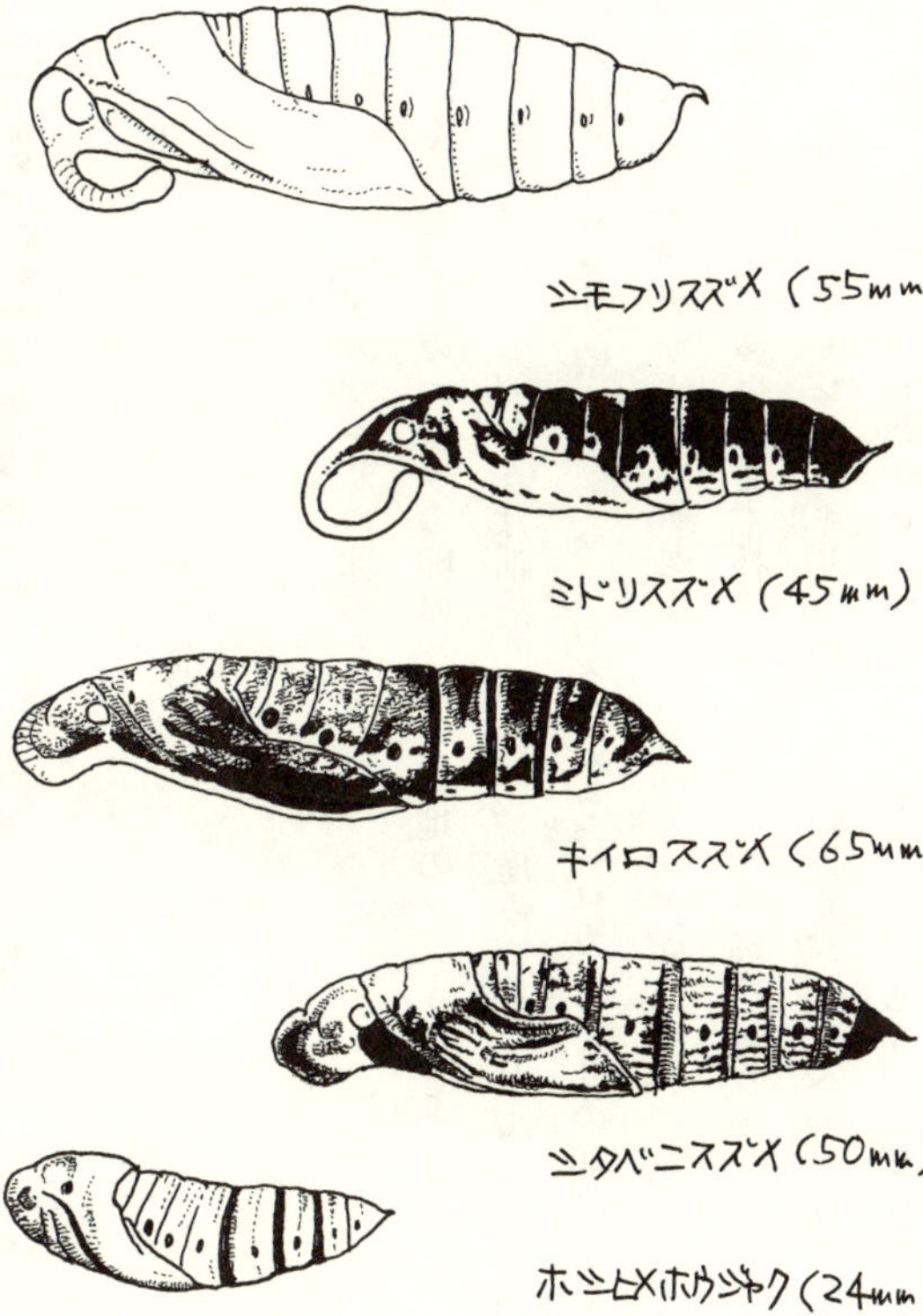

カマキリに天敵っているの？

【コクサギ】

秋の風物詩のひとつがカマキリの卵のうだ。

ぷっくりふくれたオオカマキリの卵のうは、草地のススキなどでよく見つかる。一方、コカマキリの卵のうは細長く小型だ。産みつけられている場所も樹皮の裏側やコンクリ壁のスキマである。ハラビロカマキリの卵のうも丸っこいけれど、オオカマキリのものより色も濃く、表面が堅い。見つかるのは木の枝であることが多い。雑木林周辺には、もう一種チョウセンカマキリが棲んでいる。チョウセンカマキリの卵のうは細長く、枝にべったりと張りついている。そしてこのチョウセンカマキリの卵のうが見つかる場所も決まっている。

僕が埼玉で住んでいた家は川の段丘上にあった。段丘の斜面は雑木やスギの林になっている。段丘の下は平地で、ここは水田だ。こうした水田の縁、段丘の林の境目の木でチョウセンカマキリの卵のうがよく見つかるのである。

林の中の沢沿いによく見られる低木のひとつにミカン科のコクサギがある。これまた名のとおり、葉をちぎると特有のニオイがする。コクサギは湿気のあるところが好きだから、田んぼと林の境界にもよく生えている。そんな場所を見て歩くと、わずか6本のコクサギの低木に、33個ものチョウセンカマキリの卵のうが見つかった。チョウセンカマキリの卵のうは細長く、木の幹にべたっと張りついている。カマキリといえば捕食性の昆虫だ。食草に左右される虫よりも、生息環境についての好みは少なそうに思えるが、産卵場所を見る限り、種によって好みの場所が決まっているらしい。

チョウセンカマキリの卵のうを探して歩いているうち、昨年産みつけられた、ボロボロの古い卵のうもふたつ見つけた。この卵のうをよく見ると、卵のうの中にカマキリのものではない虫の脱皮殻が見つかる。カマキリの卵のうは寒さや乾燥から守るシェルターになっているが、これはまた、別のある生き物にとって、かっこうの住居や餌となるのだ。そのひとつが古い卵のうに脱皮殻を残していたカマキリタマゴカツオブシムシという小甲虫だ。僕もそれまで古い卵のうをのぞき歩くことなんかしたことがなかったので、こんな虫の存在を知らずにいた。よくよく探すと、新しい卵のうの上で、産卵に訪れたのか、カツオブシムシの成虫も1頭発見。この幼虫は、カマキリの卵のうを食い荒して育つのだ。

「カマキリに天敵っているの？」

生徒はそう僕に聞くけれど、雑木林の小さなライオン、カマキリも、卵のときは体長わずか4㎜ほどの小虫に倒されてしまうのである。

カマキリの卵のう・いろいろ

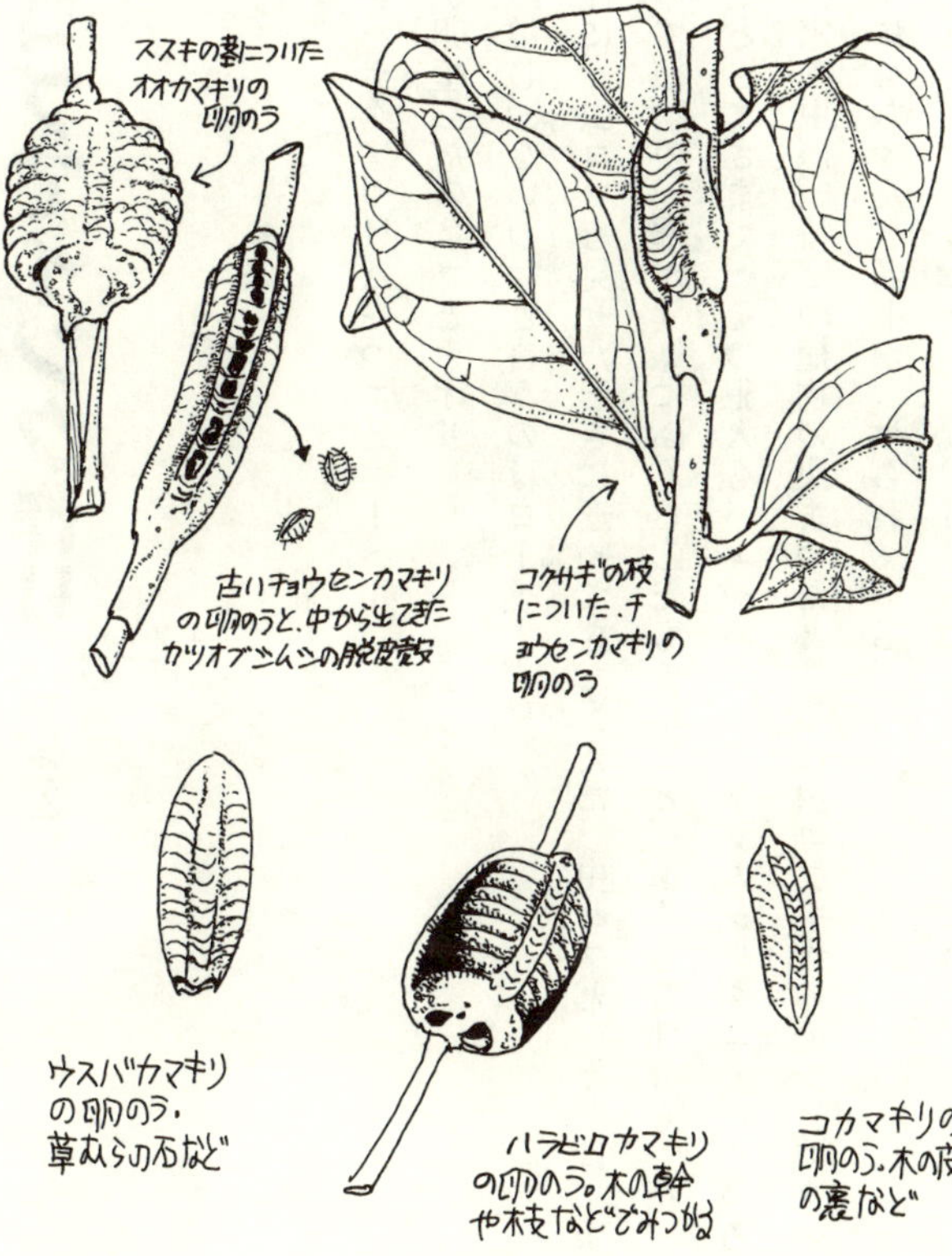

虫コブでインク作り

【ヌルデ】

「虫がハナクソつけたやつ」とユーヘー。

「虫が卵産んだの?」とカオリ。

「虫の巣じゃないの」と言うのはヨーヘー。

生徒に、虫コブを見せたときに返ってきた答えだ。虫コブというのは、虫によって植物の一部が異様にふくらんだもののこと。ふくらむ部分も、花、実、葉とさまざまで、その犯人もハエやハチ、アブラムシやダニといろいろだ。特定の虫が、特定の植物の決まったところに虫コブを作るので、できた虫コブにもちゃんと名前がつけられている。

「中に虫が入ってるんだったら、虫が外に出れないじゃない」

僕の説明を聞いて、カオリがそう質問してきた。確かにそのとおり。でも虫コブは時期になると、ちゃんと虫の出る穴が開く。そして虫たちはまた新しい宿主を求めて旅立つのだ。

僕が教室に持ち込んだ虫コブは、ヌルデミミフシだった。日当たりのよいところに生えるウルシ科の低木、ヌルデの葉の軸につく虫コブだ。羽状複葉を持つヌルデは、葉の軸にひれ状の翼《よく》がついているのが特徴である。

ヌルデに虫コブを作るのはヌルデシロアブラムシだ。秋に葉を落とすころの虫コブには穴が開き、その中には虫はもういない。

このヌルデミミフシは「フシ」という名で市販されてもいる。古くから染料として使われてきたものなのだ。江戸時代はお歯黒のもとにもなった、由緒正しき染料だ。そのため地方によってはヌルデのことをフシノキとも呼んでいる。

本当は虫が出る前の虫コブを採り、干して使うというが、虫の出た後、地面に落ちている虫コブでも使うことはできる。僕が生徒たちと遊んでみたのは、虫コブで作るインクだ。まずビーカーに水と虫コブを入れて煮出す。最初、煮汁は単なる黄土色をしている。虫コブの染料の主成分はタンニンである。そしてこの成分は鉄分と結びつく性質がある。染料として使うときは、鉄分を加えてあげる必要があるのだ。僕が使ったのは、木酢酸鉄という染料用の媒染剤。これを入れると、ビーカーの煮汁がたちまち黒っぽく変色する。

つけペンを配りこれで自由にお絵かきをさせてみた。おもしろいのは、鉄との結合だけでなく、発色に酸素との結合も絡むらしいこと。紙に描きしばらくすると色が濃くなってゆく。

「本当に色が濃くなってきた」

「でもこのインクなんだかクサイ」

そう、虫コブインクには独特のニオイがある。かくして「クサインク」と名づけられてしまった。

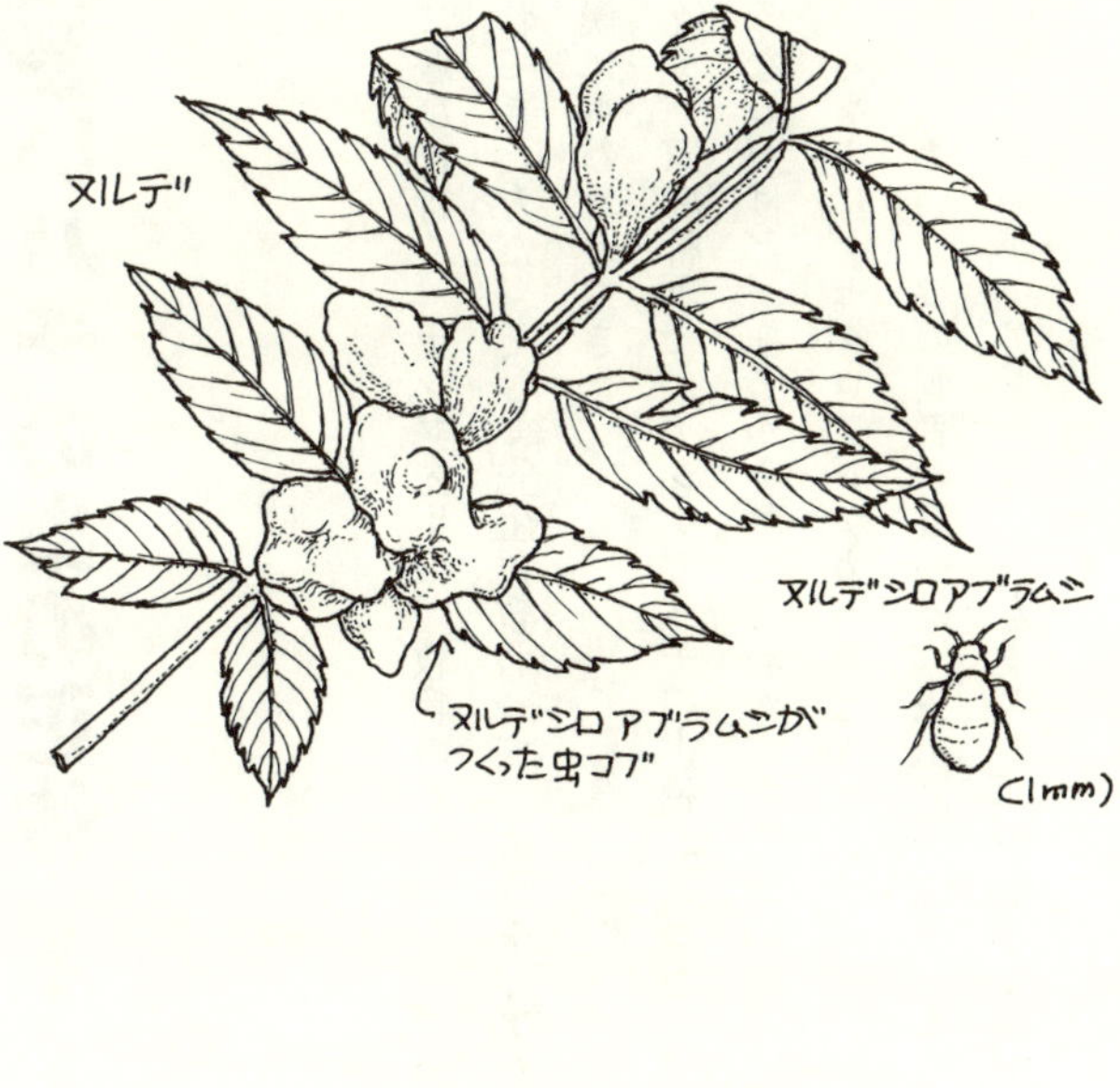
ヌルデ
ヌルデシロアブラムシがつくった虫コブ
ヌルデシロアブラムシ
(1mm)

異様に細長いハチの巣の正体

【ホオノキ】

ナンブ先生の家に遊びに行く。ナンブ先生は、教職のかたわら、ずっとハチの研究を続けられてきた方だ。そして先生に教わって、ようやくアシナガバチの巣の正体が僕にもわかってきた。

葉を落とした木々や、家の軒下で、アシナガバチの古巣が見つかる。見てゆくと形はいろいろなのだけど、種名がそれまでわからないでいたのだ。

まず大型の巣を作るものに、セグロアシナガバチとキアシナガバチがいる。ひとつひとつの巣房《すぼう》も大きい。この両者の違いは、巣上部が山形になって、枝にくっつく柄が出ているのがキアシナガバチ。一方巣の上面が平らなのがセグロアシナガである。

小型の巣房が集まった巣を作るもので、いちばん特徴的なのは、巣房の入口先端部が黄色のキボシアシナガバチだ。巣の一端に枝につく柄があり、やや細長い巣が上方に反り返るのはコアシナガバチ。これに対し、巣の全形が丸いのがフタモンアシナガバチとムモンホソアシナガバチの巣。前者は巣のてっぺんに柄がついている。後者はそれに対し、その一端に柄がつく。また、巣の上面、ひとつひとつの巣房の天井に小穴が開いている。これは幼虫がフンを出すための穴だ。フタモンの巣にはこうした小穴は開いていない。

こうした巣が、雑木林で見られる代表的なアシナガバチの巣だ。ところが、もうひとつ、めったに見られない変な形のアシナガバチの巣がある。

10月のある日、僕の家の近所に住むオガワさんがやってきた。

「珍しいハチの巣を見つけて、だれに見せてもわからなかったんです……」

彼が手にした写真には、低木の小枝から垂れ下がる、異様に細長いハチの巣が写されていた。

「ヒメホソアシナガバチの巣です」

僕はナンブ先生のレクチャーのおかげで、すぐそのハチの正体をオガワさんに教えることができたのだった。

ナンブ先生ですら、野外で営巣中のこのハチの姿はまだ見たことがないとのこと。僕もそれまでにたった2度、落ち葉とともに林床に転がる壊れた古巣を拾ったことがあるだけだった。一度は、ホオノキの樹下で拾った。ホオノキは、雑木林の中ではバツグンに大きな葉をつける木だ。大きな葉にミソと具を包んで焼くホオ葉ミソという郷土料理もあるぐらい。この大きな葉の裏に、ハチが巣がけしたものと思われた。以来、ホオノキの下に行くたびに気にして見るのだが、ちっとも落ちていない。こんなに数少なくてちゃんとやっていけるの？　と心配になる変なハチなのだ。

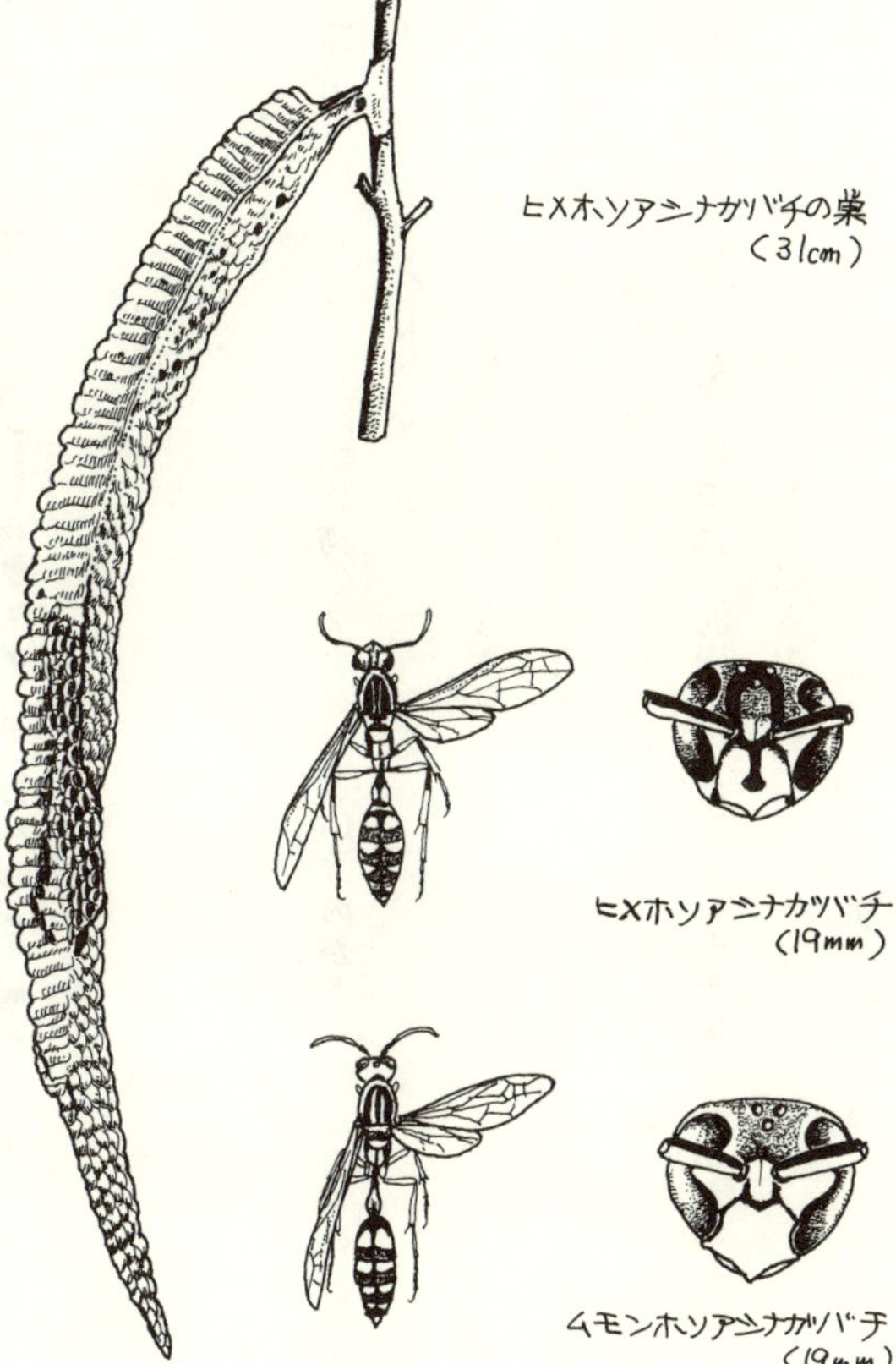
ヒメホソアシナガバチの巣
(31cm)
ヒメホソアシナガバチ
(19mm)
ムモンホソアシナガバチ
(19mm)

タブノキの実は縄文人のアボカド？【タブノキ】

「遠足に行ったら、天然記念物のタブノキというのがあったんですけど、タブノキってどんな木なんですか？」

近くの小学校の先生から、そんな電話がかかってきた。

クスノキ科のタブノキは、大木になる樹種だ。大木となったタブノキの幹には、コブ状のふくらみがあり、一種独特の風格を備える。暖地に多い木で、僕の生まれ故郷の千葉南部では、海岸部にタブノキが主体の林があった。僕にとっては小さいころからおなじみの木だ。

雑木林ではタブノキはそう見られない。でも寺社には立派な大木が生えている。

タブノキは夏の終わり、直径1㎝ほどの黒く丸い実をつける。実がついた柄は鮮やかな赤色をしている。この赤い柄と黒い実がコントラストをなしていて、実をめだたせている。タブノキの大木は寺社などにしか生えていないのだけど、雑木林を歩くと思わぬところでその芽生えを見るのは、鳥たちにその実を食べてもらって、種子がまかれたものだろう。

「トカラに行ったとき、タブノキの実を食べるという話を聞きましたよ」

友人のスギトモ君がこう言うので、「うーむ」と思う。

屋久島と奄美大島の間に、トカラ列島という小島が連なる。この島でタブノキの実を食べる、という話は僕も何かの本で読んだ記憶があった。でもそのときは「本当かな?」と半信半疑だったのだ。

「よし、タブノキの実を食べてみよう」

タブノキの実の季節を待ち、実行に。

僕が半信半疑だったのは、タブノキがクスノキ科だったからだ。クスノキ科の植物はニオイを持つものが多い。タブノキの実にも何かしらニオイがあっておいしくなさそうに思えたのだ。

「うーん。カンキツ系かなぁ」

口にした生徒がそう言う。やっぱりニオイがある。食べられるけど後味がいまひとつ。

でも調べてみるとアボカドはタブの木に近い種類の木だった。果実は小さくニオイもあるが、栄養はありそうな実なのである。

「そう言われると、アボカドっぽい。でもアボカドにカレーまぶした感じ」

今度はそんな声。マヨネーズであえたりしたけれどこれも「おいしい」とは言えない。トカラではどうやって食べているんだろう。そして学校周辺の縄文人も口にしていたのかな？　と思いをはせた。

タブ

クルミの実の冒険

【クルミ】

高校生のサチエとヒロコが、学校近くのクルミの木でリスの餌づけを始めた。木にカンをぶら下げ、そこにクルミを入れておくのだ。

「今朝も見ちゃった。これで5回目」

うれしそうにそんな報告にやってくる。彼女たちは、この木の近くで、リスの古巣も拾ってきた。細かく裂いた樹皮でできているお椀形の巣だ。

クルミの実は雑木林の木の実の中で、堅さはトップであるだろう。それを食べることができるのは、リスやアカネズミといったゲッ歯類の仲間だ。彼らの門歯はよく発達し、鋭くとがる。

「これ血がついてるの？」

リスやネズミの頭骨を見せると、ときにそんなふうにも聞かれる。鋭い門歯をさらに頑丈にするためか、歯の表面のエナメル質が鉄分を含み、赤く染まっているのだ。

同じくクルミを食べるといっても、リスとアカネズミでは食べ方が違う。より大型のリスはクルミの合わせ目に歯を入れて削り、上手に殻をふたつに割って中を食べる。林の中の道を歩いていて、ふたつに割れたクルミの殻を見つけたら、これはリスのしわざ。一方アカネズミは殻のわきっ腹の2ヵ所に丸い穴を開け、そこから中身を食べてゆく。クルミの木の近くに石垣や倒木があれば、そのスキマや裏側に、アカネズミが穴を開けたクルミがたくさん転がっているだろう。

両者は食べ方は違うけれど、クルミにとっては同じ価値の存在だ。それはリスもネズミも食べきれなかったクルミを貯食するからだ。母樹から運ばれ、貯食されたもののうち、食べ忘れられたものが発芽する。リスやネズミはクルミにとっては子孫の宅配屋さんなのだ。

もっとも、クルミはもうひとつ移動手段を持っている。それは水の流れである。川沿いにクルミの木が多いのはこの表れだ。ただし川をさらに下って、海へ出てしまうクルミも数多い。河口近くの海岸では、こうして流されてきたクルミをよく拾う。そして海岸ではクルミはたとえ発芽したとしても、成木まで育つことはできない。

クルミの航海力は意外に高いようで、クルミの分布していない八丈島や西表島でもその漂着をときに見る。どこからどれくらい旅をしてきたものだろう？　クルミは水陸両用の旅をする木だ。

化石の研究からは、数百万年前に生えていたクルミには動物たちの手を借りない種類があったことがわかっている。ところがこのクルミはやがて絶滅している。水に乗って流れるより、動物たちに身をまかす方が確実なわけ。

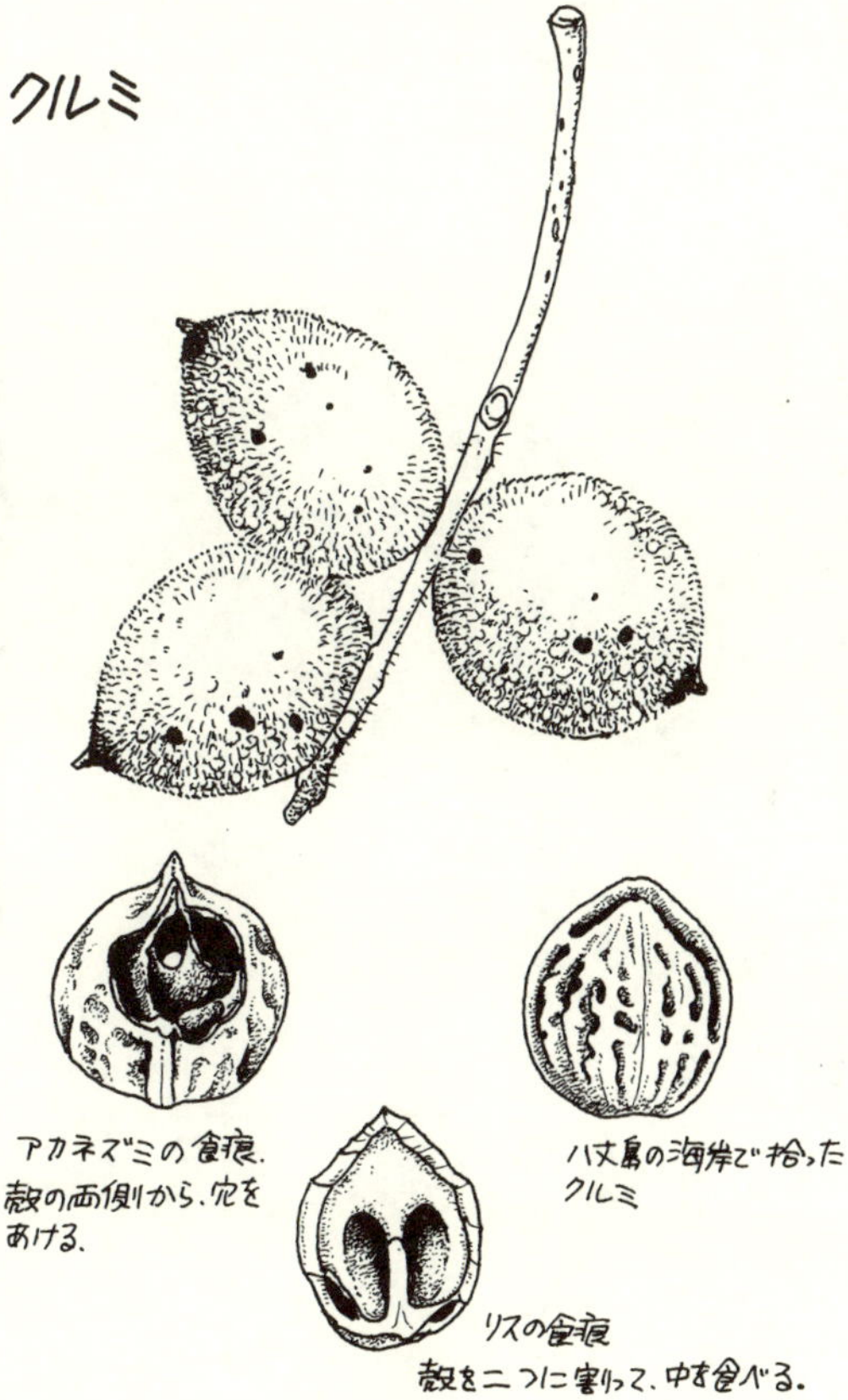
クルミ
アカネズミの食痕.
殻の両側から、穴をあける.
八丈島の海岸で拾った
クルミ
リスの食痕
殻を二つに割って、中を食べる.

ムササビ専門の不動産屋？【ケヤキ】

「お2階さん、最近来ないのよ」

なじみの古道具屋のおばさんがそう言う。

「うるさいから、来たら入口に農薬まいてんだ」

店の主人の父ちゃんは涼しい顔でそんなことを言う。このお2階さんというのはムササビのことだ。

ただし父ちゃんもムササビが嫌いなわけではない。なにせ、巣穴の下に落ちていた、まだ目も開かぬムササビの子を拾い上げ、10年以上も面倒を見続けているぐらいだから。そんな父ちゃんでさえガマンならないのは、これまたワケがある。野生のムササビが出没するという部屋に通されてびっくり。

天井板にはぽっかり穴が開いている。

「ここから顔出すんだよ」

これならまぁかわいい。でもドタドタうるさいし、オシッコも天井からもれてくる。天井裏のムササビは、軒下のカベに大きな穴を開け、そこを出入口としていた。

川沿いに建つ父ちゃんの店は、こうして野生のムササビの襲来をしばしば受ける。

ムササビは草食だ。木の実や葉を主な食料としている。その点、雑木林は彼らの食料がたんまりあるところ、ということになる。

問題は棲みかだ。雑木林は定期的に伐採を繰り返してきた林だ。当然太い木はあまりない。樹洞《じゅどう》を棲みかとするムササビは、いくら緑があっても雑木林には棲みつけない。いちばんいい彼らの棲みかは雑木林に接した神社やお寺。こうした場所には大きなスギやケヤキが植えられ、樹洞もそこにあるからだ。神社へ行って、大木の下でムササビのフンを探してみよう。正露丸ほどの粒が落ちていれば、ムササビが棲みついている証拠だ。夜になればムササビの滑空が見られるだろう。

こうした寺社は、数が限られている。もうひとつの彼らの生息地が川沿いの林である。川沿いにはケヤキの大木が見られるからだ。ケヤキはムササビに住居を与えるだけではなくて、その葉や小さな実も彼らの食糧となる。いずれにせよ、ムササビは慢性的な住居不足にある。川沿いはムササビの移動や採餌ルートになっていることもあり、父ちゃんの店の天井裏が狙われるのだ。

鳥の巣箱を作ったことがあるだろう。同じようにムササビの巣箱も作ることができる。鳥の巣箱より大きめの箱を仕掛ければよいのだ。試しに、学校裏の雑木林に、顕微鏡の空き箱に出入口を開けて仕掛けてみた。ふだんムササビが来てるかどうかも調べずに。そんないいかげんの設置でも、ちゃんと入居者が現れた。ムササビ専門の不動産屋さんになってはいかが？

ムササビ

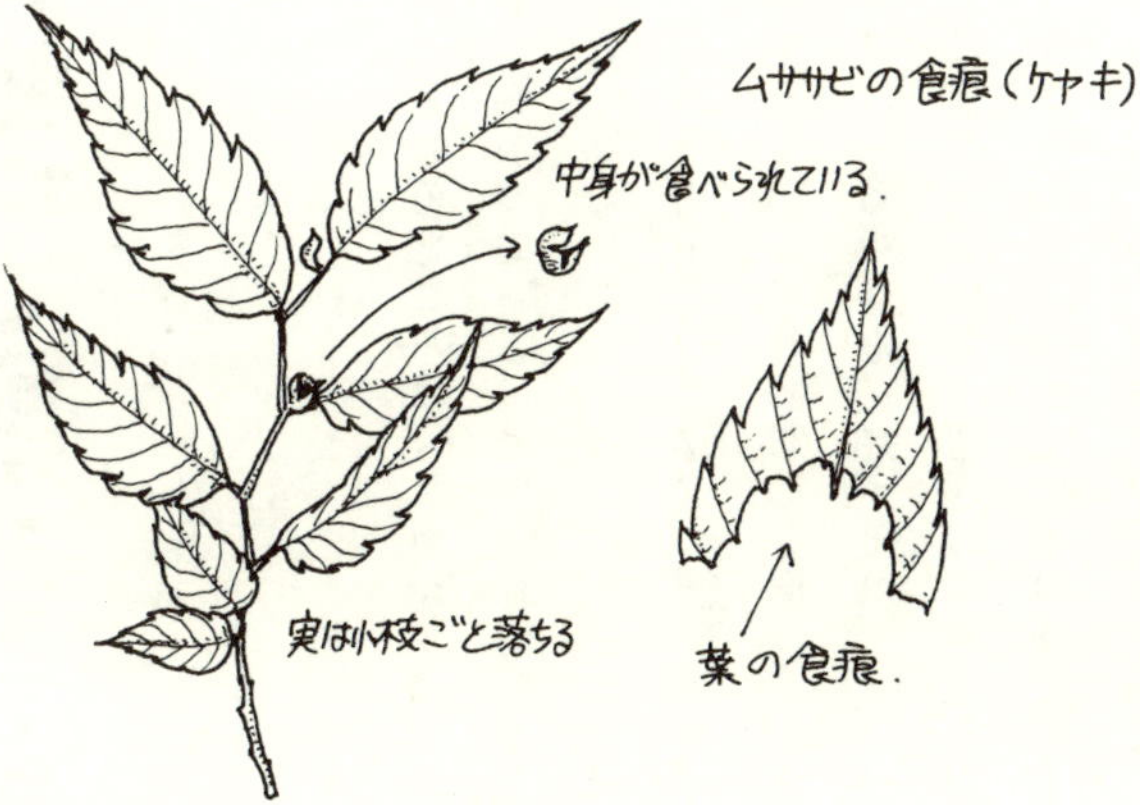

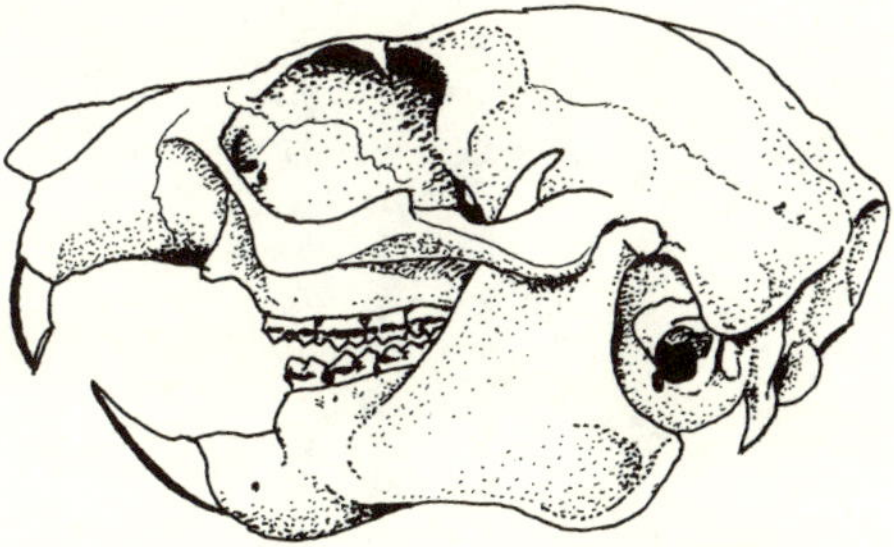

ムササビの頭骨

変形菌って何？【アカマツ】

雑木林のところどころに、アカマツの枯木が朽ちかけていたり、倒れたマツの丸太が転がっている。マツ枯れで枯死したものだ。かつては雑木林の中のあちこちで見られたマツは、こうして今はすっかり数を減らしている。

倒れて長い時間がたったマツの樹皮ははげ落ち、丸太の表面はうっすら緑色の藻が生えている。じめじめと湿った、そんな丸太を好む生き物がいる。変形菌と呼ばれる小さな菌類がそれ。

菌類とは言ったものの、普通の菌とはかなり様子が違っている。成長しきった姿は、確かにカビの仲間のように見える。マツの丸太の上でおなじみなのは、ムラサキホコリの仲間だ。細い柄の先に、ガマの穂のようなものがついている。色はやや紫がかった茶色。全体の高さは2㎝ほどだ。そうしたものが、ひと塊になって朽ち木表面に張りついている。そして、ガマの穂状のものを指でつつくと粉が舞い散る。胞子をまいているのだ。

この胞子、発芽するとそこからアメーバ状の生き物が誕生する。このアメーバは朽ち木に繁殖するバクテリアを餌にする。そして成長を続け、目に見えるような大きさになっても、アメーバが大きくなったようなまま。形こそ、樹状に分かれた一見菌糸みたいなものだけど、これが動くのである。こんな点は、動物に近い生き物に見える。そしてこれが、あるときを迎えると、先のカビ状のものに姿を変身させ、一生を終えるのだ。

僕がムラサキホコリを見つけ、丸太の前に陣取ってスケッチを始めたとき、ひと塊はすでに「カビ」に変身し終わっていたけれど、もうひと塊はまさに変身中のものだった。2時間ほどのスケッチの間に、そいつはネバネバした塊から徐々に変身していった。

僕の尊敬するナチュラリスト、南方熊楠がこの変形菌にたいへん興味を持っていたことはよく知られている。彼は動物的とも植物的ともいえる、境界線上の生命にいたくひかれたのだ。

ある日雑木林をひと巡りしたら、8種ほどの変形菌がたちまち見つかった。彼らもごく小さく、ふだんその姿に気づくことはない。それでも朽ち木からバクテリア、変形菌と生命の流れは続く。その変形菌を食べる小さな甲虫もいる。

林の中でムラサキホコリの絵を描いていたら、ごく近くにノウサギの子供が出てきた。食虫類のヒミズもガサゴソと枯れ葉を鳴らす。変形菌の時間につきあうことで、林の動物たちも僕を林の一部と思ってくれたかのようだった。

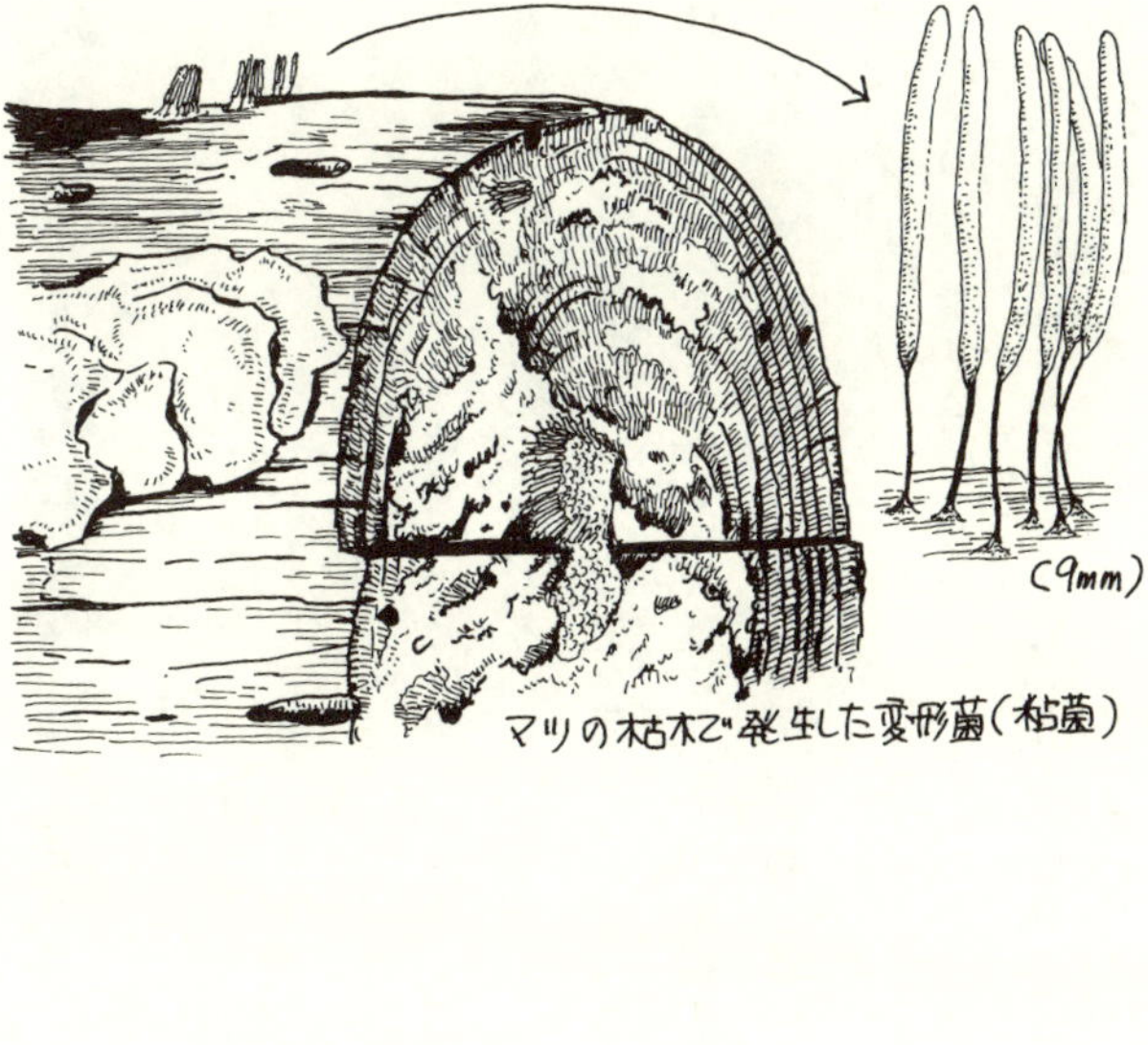

マツの枯木で発生した変形菌(粘菌)

カメムシハンターの好み

【アブラチャン】

アウトドアクラブの生徒を引き連れ、秩父の山に向かう。途中、沢沿いのアブラチャンの林に入り込み、生き物探しを試みる。

アブラチャンはクスノキ科の落葉樹だ。春先、葉を落とした枝に黄色の小さな花をたくさんつけた様は、なかなか美しい。秋になると、直径1・5㎝くらいの丸い実をつけるが、この中にひとつだけ入っている種子は油を多く含み、かつては灯明などに利用された。

そんなアブラチャンの林の中へ潜り込んでびっくり。あちこちの落ち葉の下から、黒く細い柄の先に、赤いふくらみがついているものが顔をのぞかせていた。その柄のつけ根をそっと探ってみると……。やっぱり。柄のつけ根には、死んだカメムシがついていた。冬虫夏草の一種、カメムシタケの一大発生地だったのだ。

冬虫夏草用語に「坪《つぼ》」という言葉がある。冬虫夏草はわりと発生条件にうるさいキノコで、その逆に生えるところには毎年その発生を見る。そんな場所を坪と呼んでいる。それと知らず入り込んだこのアブラチャンの林は、カメムシタケの坪だった。実際、その後も夏の発生期に訪れると、必ずカメムシタケを見つけることができたのだった。

学校周辺の雑木林には残念ながらカメムシタケの坪はなかった。偶発的に発生しているのを、二度ほど見ただけ。一方、群馬県のとある沢沿いではさらに大規模なカメムシタケの坪を見た。それこそ何百本ものカメムシタケが発生するような林である。

あるとき、採れたカメムシタケの標本を知人に見せてまたビックリ。

「これフトハサミツノカメムシじゃないですか。えらく珍しいカメムシですよ」

カメムシ屋のノザワさんが、目の色を変えてそんなことを言うのだ。

群馬の坪で採集したカメムシタケは合計50本。8種類のカメムシがとりつかれていたが、ノザワさんが「珍しい」というフトハサミツノカメムシから生えたカメムシタケが、このうち半数近い24本もあったのだ。

「うーん、カメムシタケはわざわざ珍しいカメムシばかり選んで取りつくんだろうか？」

ふたりしてそんな話で盛り上がる。でも、どうやら林の環境がいちばんのポイントらしい。秩父の坪のカメムシタケ23本中、16本と最も多かったのはオオツマキヘリカメムシというごく普通種だったから。

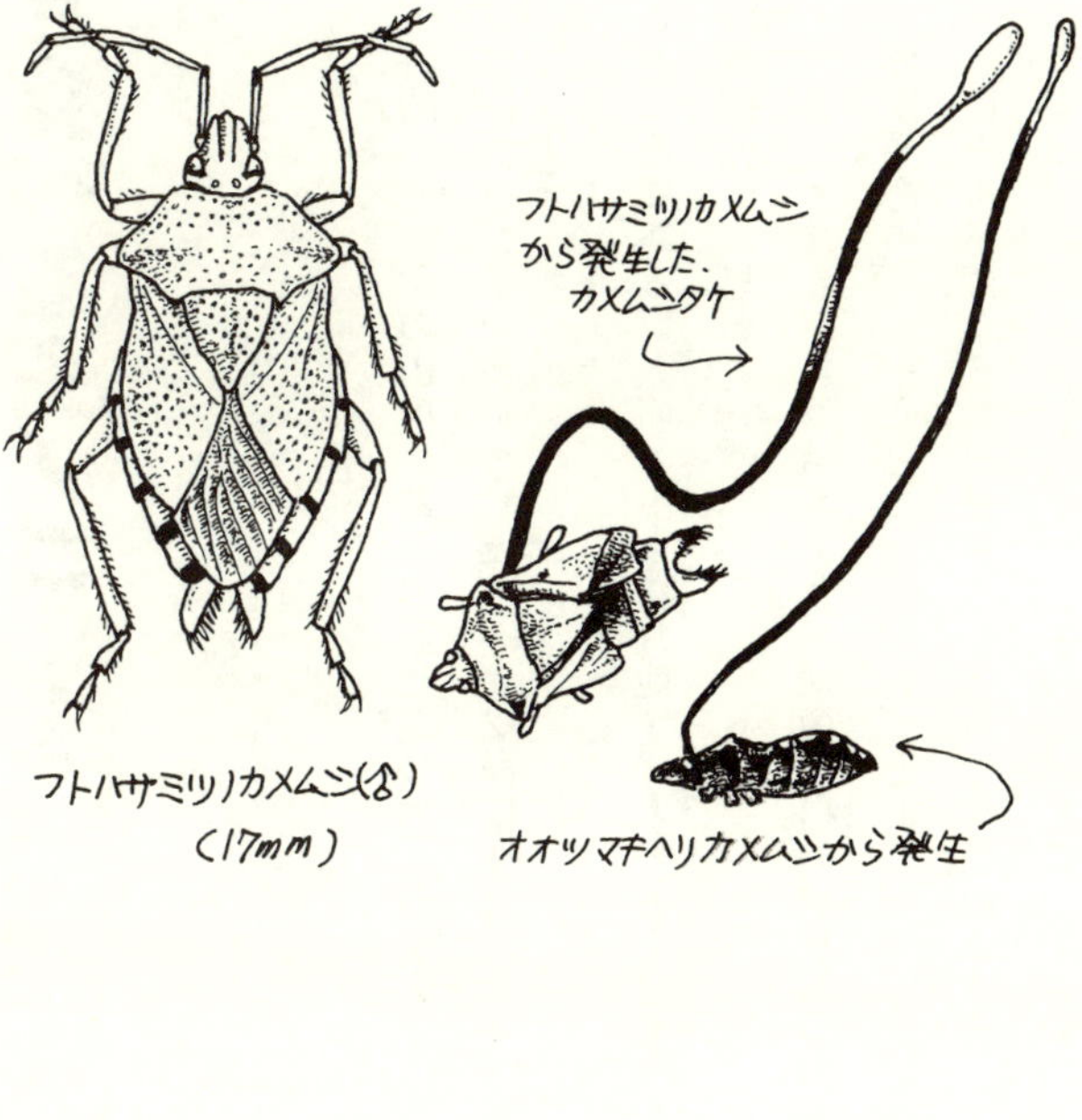
フトハサミツノカメムシから発生した.
カメムシタケ
フトハサミツノカメムシ(♂)
(17mm)
オオツマキヘリカメムシから発生

キノコを食べるキノコ【モミ】

学校から車で1時間半。秩父の山中にある温泉に遊びに行っての帰りがてら。ぶらぶらと林に囲まれた道を歩いていたら、キノコが生えていそうな場所に目がとまった。

道より一段低いところにある、沢筋の小さな台地。雑木やモミの木の生えるその場所は、湿気が充分に思われた。

下りてみてまず目に入ったのがスッポンタケの幼菌。白い卵状の袋が破れ、ちょうどキノコ本体が顔をのぞかせたところだった。そしてモミの木の下をのぞいてみると、なにやら気になるものが生えている。小さなキノコだ。柄の上にはカサではなくて、丸いふくらみがついている。そのふくらみには小さな粒々もついている。どうやら冬虫夏草の仲間らしいと見当をつけ、注意深く地面を掘ってみることにした。

地面の下、柄の根元についていたのは虫ではなく丸い塊だ。冬虫夏草の中には虫ではなくてキノコに取りつくものがある。菌生冬虫夏草と言うこの仲間は、土中に生えるツチダンゴというキノコに取りつく。根元の丸い塊がツチダンゴだったのだ。

冬虫夏草という名のくせにキノコにとりつくなんて変な話だと思う。このことに関して、相良直彦さんが『きのこと動物』（築地書館）という本の中で、おもしろい説明をしている。

小学生のとき、キノコは植物の仲間、と僕たちは教わってきた。ところがこれは正しくはない。キノコは菌類という、植物、動物とは別個のグループだ。そして相良さんは、キチン、グリコーゲンなど虫の体を作る物質とキノコの体を作る物質には共通するものが見られると指摘している。つまりキノコは植物よりも虫に近いのだ。そう考えると菌生冬虫夏草の存在もおかしくはない、と。

僕の見つけた菌生冬虫夏草は、ミヤマタンポタケという種類だった。ミヤマタンポタケがとりついているツチダンゴも変わったキノコで、一生地面の下で暮らしている。冬虫夏草が寄生していなければ、地面の下にそんなキノコが生えているなんてまったく気がつかないはず。

このツチダンゴは、木と菌根《きんこん》を作ると図鑑に書いてある。菌根というのは、木の根とキノコの菌糸が合体したものだ。キノコが土中の養分を、そして木が光合成の生成物をやりとりするしくみだ。菌根というこの共生関係は、林を支える文字どおり「縁の下の力持ち」的存在となっている。そんな地下の見えない世界の存在を、タンポタケは僕らに語る。

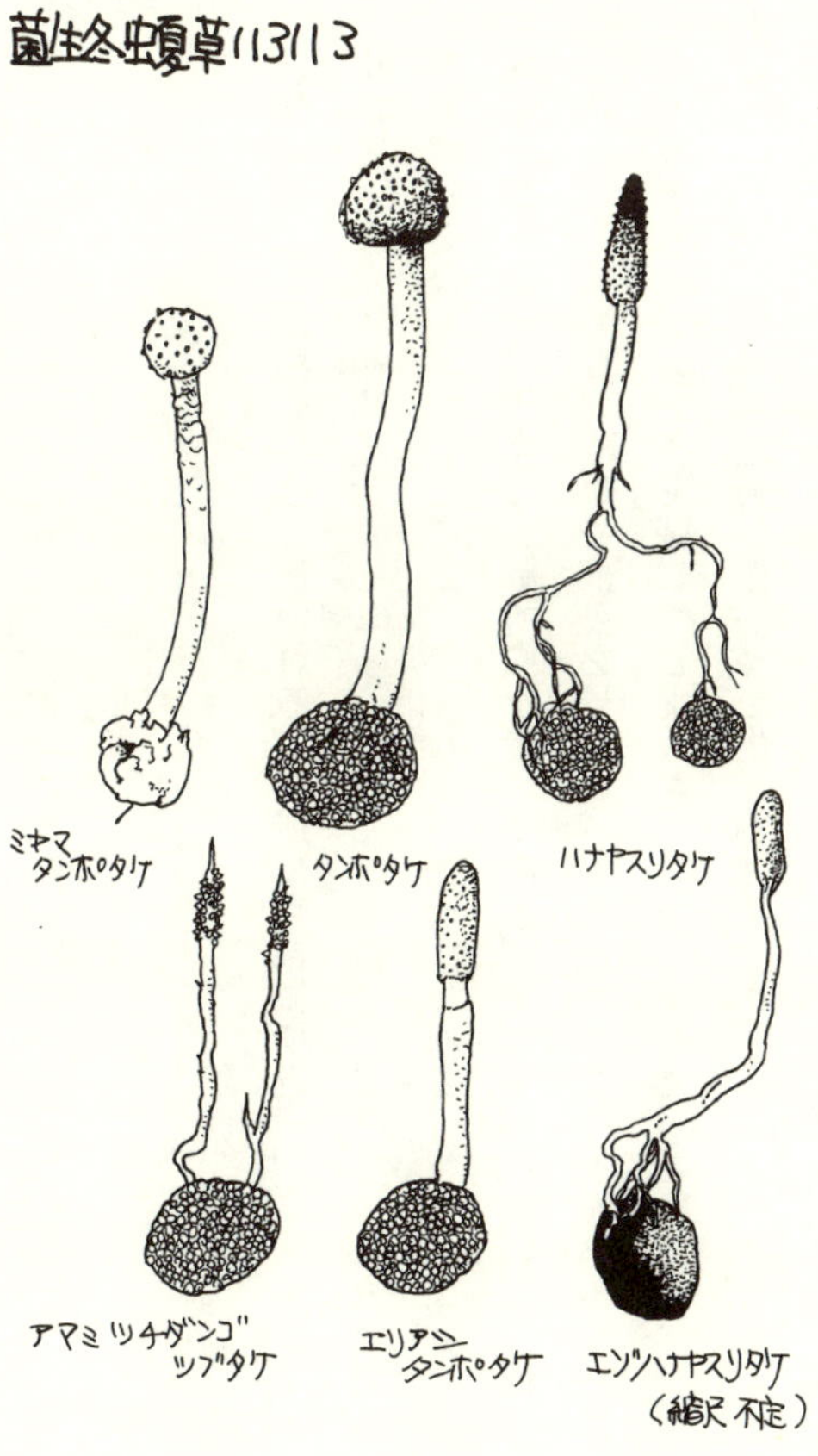
菌生冬虫夏草いろいろ
ミヤマタンポタケ
タンポタケ
ハナヤスリタケ
アマミツチダンゴツブタケ
エリアシタンポタケ
エゾハナヤスリタケ
（縮尺不定）

「待ちぼうけ」をするキノコ【ヤブツバキ】

京都の知人に自然観察会に招かれる。場所は京都御所だ。

京都御所なんて初めて行くところ。ほとんど公園と同じ？　そんなところで自然観察会なんてできるの？　そんなふうに心配になる。

本番の前、少し早起きして御所内を歩いてみる。もちろんきれいに整備されている。それでも、関東では姿を見ない、ツクバネガシの木があって、思わず昨秋落ちたドングリを探してしまったりした。そして、とあるヤブツバキの木の下で、ずっと出会いたかった生き物に会えた。

ツバキの木の下に、小さなキノコがポツポツ生えている。黄土色のカップ形のキノコ。チャワンタケの仲間だ。「もしや」と思い、根元をまさぐる。

カップ型のカサの下、細長い枝が地下へと伸びている。そして、その根元に黒い塊がついていた。

「やっぱり」。それを見て、僕はとってもうれしくなった。

ヒマなとき、キノコの図鑑をパラパラめくっていて、気になるキノコを見つけた。その名も、ツバキキンカクチャワンタケ。図鑑によれば、このキノコはツバキの花を食べるキノコだという。

なんという偏食のキノコか、と思ってしまった。それが僕がこのキノコにひきつけられたわけだ。

ツバキの花は、さまざまな生き物たちを引き寄せる。冬から春に咲く花にメジロが蜜を吸いにやってくるのはおなじみのもの。まだ開く前の花をムササビが食べ、その食べ跡が木の下に散らばっていることもある。広島の宮島を訪れたときは、樹上でサルが花を二つ割りにしてせっせと蜜を吸っていた。口の周りを花粉で黄色に染めながら。そしてサルが樹下に落とした花はシカの餌となっていた。しかしこれらの生き物は、ある一時、ツバキに集うものたちだ。それに対し、ツバキキンカクチャワンタケはツバキの花だけを食べている。

春、木の下に落ちた花に胞子がつく。やがて菌糸が成長し、花を分解するとともに、菌糸は菌核という塊を作る。秋に作られるこの菌核で冬を越し、翌年の春、再びツバキが花を咲かすころに、キノコを地上に伸ばすのだ。

「待ちぼうけ」という歌があるけれど、このキノコはツバキの木の下にいたら、必ず餌にありつけるというわけ。そんな生活もありなのだ、ということを、僕はこのキノコを見て実感した。

こんな出会いの後、林のヤブツバキの下を探したら、「待ちぼうけ」するこのキノコにやっぱり会えた。それどころか、実家の庭のツバキの下にさえ生えていた。極端な偏食もそう悪い話ではないらしい。

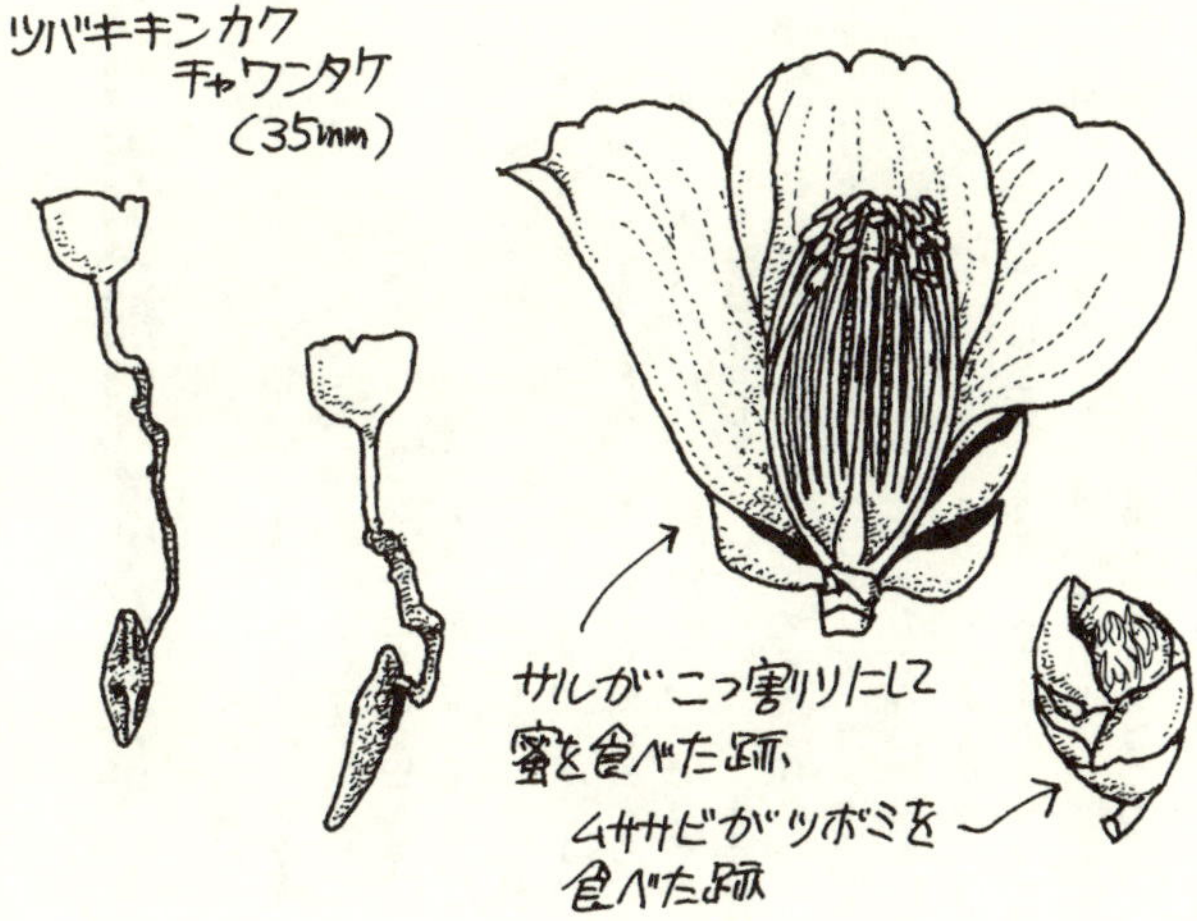
ツバキキンカクチャワンタケ
(35mm)
サルが二つ割りにして蜜を食べた跡
ムササビがツボミを食べた跡

コラム②

田んぼのクワガタ捕り

小学生のころ、友だちのひとりが学校にミヤマクワガタを持ってきた。コクワガタやノコギリクワガタしか捕ったことがなかった僕らにとって、彼は一躍スターとなった。

「アブリ山で捕ったんだよ」

しつこく聞きだす僕に、ようやく彼はどこでミヤマクワガタを捕ったか教えてくれた。初めて聞くその山の名は、手の届かない夕焼けの向こうにある場所に思えたもの。

埼玉に来た僕は、ミヤマクワガタはけっして珍しいクワガタではないことを知って驚いた。学校の裏の雑木林で、コナラの樹液に来ているものをたちまち2、3匹見つけるなんてこともあったから。

おもしろいのはその採集時間。これは昼休みの話だったから。「虫捕りは朝一番」という僕の子供のころの常識がくつがえったのだ。

オオバヤナギ

ミヤマクワガタは昼間も行動するクワガタなのだ。

もうひとつ常識がくつがえったものが田んぼでクワガタが捕れること。

正確には稲作をやめた休耕田に生えているオオバヤナギの樹液に虫たちが来ていたことだ。オオバヤナギはヤナギのイメージに合わないぐらい大きくなる。ある日は1本のこのヤナギで、ミヤマクワガタ4匹、スジクワガタ2匹、ノコギリクワガタ1匹を見つけ大喜びした。

子供のころの願望をかなえたのもつかの間。こうしたヤナギの生える休耕田は、宅地開発で年々姿を消してゆく。学校裏の雑木林もゴルフ場の敷地となった。虫とともに林が消えるのを見るのはつらい。

第3章 植木をめぐる探検

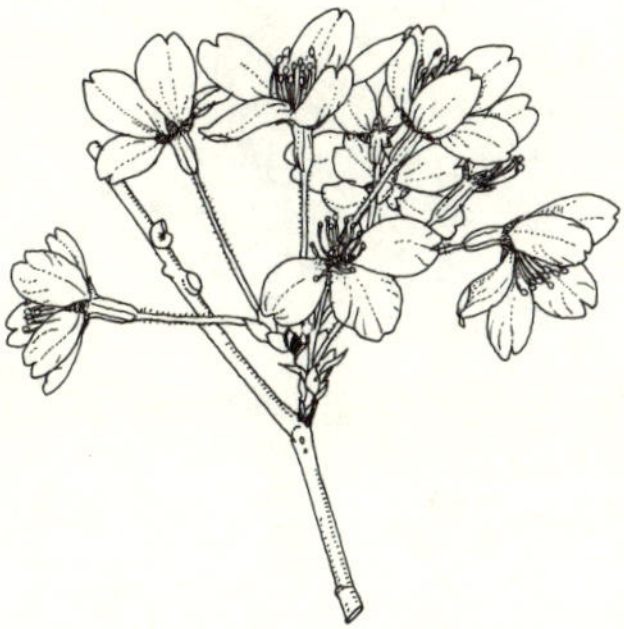

ソメイヨシノ

虫たちと庭木の歴史【シュロ】

農家のウチダさんの家に遊びに行く。

ウチダさんの家の庭をブラブラしていたら、次々に虫の営みの跡が目にとまった。

家の壁で見つかったのは、ルリジガバチやヒメベッコウといった泥で作られたハチの巣。庭木にはコアシナガバチやキボシアシナガバチの古巣もついている。ウメの枝にはイラガのマユ、スモモの枝にはオビカレハの卵塊がついている。

「人間はそれと気づかず、虫たちと一緒に暮らしてるんだなあ」

庭先の虫たちを見て、あらためてそう思った。

庭木のひとつにシュロもあった。そのシュロの下で、枯れた実の柄を拾い上げた。見ると小穴が開いている。中を割ると出てきたのが、体長４㎜の小さなゾウムシ。これは僕も初めて目にするものだった。

「何というゾウムシなのかな？　シュロにつくゾウムシだから、シュロゾウムシ？　まさか」

そんな安直な発想を自分で笑ってしまったけれど、図鑑を広げたら、本当にシュロゾウムシという名前だった。

雑木林を歩きまわると、よくシュロの芽生えに出会う。枯れ葉一色の中で、濃い緑色のその芽生えはなかなかめだつ。それにしても、林の中には実をつけるような大きなシュロは見かけない。これは庭先から鳥によって種子が運ばれたからだろう。

シュロは姿も美しく、幹から採れる繊維も有用なことから、人家に好んで植えられた。学校の近所に住むヨコテさんというおじいさんに、そのシュロのことを聞いてみたことがある。

「庭には必ず3本寄せ植えにした。シュロ縄は水に強いから、私が子供のころは風呂場の下駄のハナオに使った。背負いバシゴという物を背負う道具のオベ縄というのも必ずシュロの縄だった……」

80歳を越えるヨコテさんは、そんなことを僕に教えてくれた。戦時中は盛んにシュロを植え、繊維を採り、出荷していた人もあったという。

調べてみると、シュロはもともと中国南部原産とある。別の本には九州南部原産と書いてある。普通に見かけるものなのに、その出自もハッキリしていないのだ。

ヨコテさんの話から、シュロをめぐる歴史が垣間見えてくる。シュロはやがて人の手を離れ、雑木林にも逃げ出した。小さなシュロゾウムシもまた、その歴史とともにある。

人家近くの木々や、それに集う虫たちは、どこか人との関わり合いが深いものばかり。そんな木々をめぐる探検に出かけてみよう。

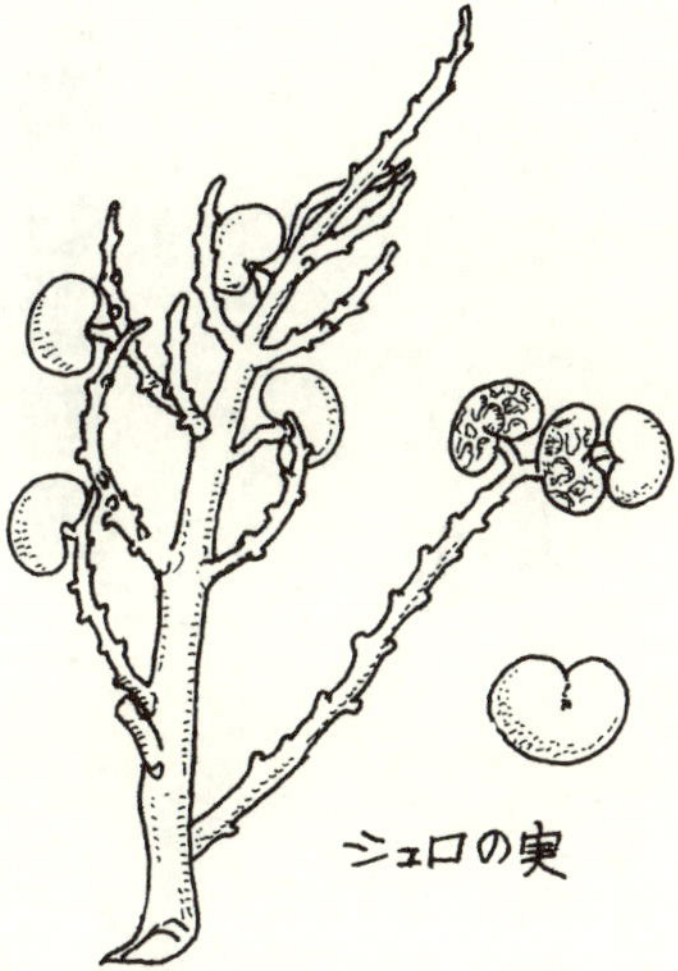

シュロの実

シュロゾウムシ
(4mm)

サクラに潜む吸血鬼

【ソメイヨシノ】

ナカイ君のホッペに赤い点がある。

「マダガスカル産のシロモンオオサシガメに刺されたんですよー。もう超イタイです」

ニコニコしながら彼はそう言った。

生き物好きには変な人が多い。ナカイ君は毒ヘビやら毒グモやらを飼うのが大好きだ。そしてカメムシの中にもアブナイやつがいる。サシガメという吸血鬼の仲間だ。もっとも日本産のサシガメは、ほとんど虫の体液を吸って暮らしているから、普通、人間に害はない。ナカイ君の飼っている外国産のサシガメは体長35㎜となかなか迫力があるサイズで、これは人も刺す。

「やっぱり一度は刺されてみないと痛みがわかりませんからねー。それに何度も刺されると慣れてきますよ」

ナカイ君はニコニコしながら、そう続けたが。

ナカイ君は大阪に住んでいた。そして彼と一緒に早春の林を歩いた。同じように見える雑木林でも、関東と関西では、生えている木や棲んでいる虫に微妙な違いがある。

林を出て、川沿いの道を歩いていたときのこと。ソメイヨシノの幹に、ヨコヅナサシガメの幼虫が潜んでいた。

「触らないほうがいいですよ。これも痛いですよ」

ナカイ君はやっぱり体験済みだった。

ヨコヅナサシガメは、体長2㎝余りと、日本のサシガメの中では横綱級だ。基本的にはほかの虫の体液を吸うが、人間が手を出せば、人間を刺すこともある。そしてこの虫は、冬はサクラの幹などに幼虫が集まって越冬する習性がある。

「これがヨコヅナサシガメかぁ」

僕は初めてこの虫を見たので、ちょっとうれしい。学校周辺の公園にも、いくらでもサクラの木はあるけれど、この虫はとんと見かけない。

じつはヨコヅナサシガメは帰化昆虫ではないかといわれている。

その理由のひとつが、サクラといった人家近くの木ばかりで見つかること。もうひとつの理由は、西日本に普通な虫であること。どうやら中国から渡ってきたのでは、と思われるのだ。

ところが、ヨコヅナサシガメは東日本に向けて徐々に棲みかを広げている、と本にある。

「栃木の知り合いの保父さんから、校庭のサクラに変な虫がついているって電話があったんです。話を聞くと、どうもヨコヅナサシガメ。子供がひとり刺されたって言ってました」

友人のスギモト君がそんな話を教えてくれる。埼玉の学校近くでサクラの吸血鬼を見る日も近そうだ。

ヨコヅナ
サシガメ
(20mm)

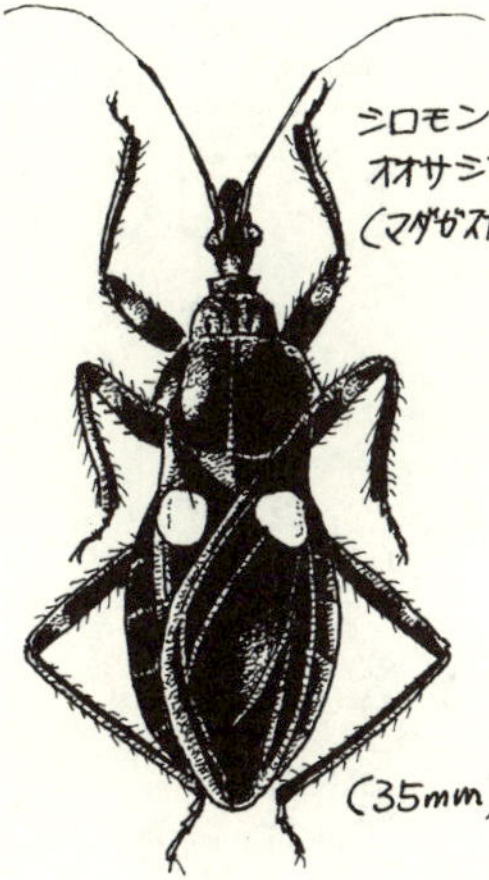
シロモン
オオサシガメ
(マダガスカル産)
(35mm)

サクラモチの葉

【オオシマザクラ】

「ゲキマズ。苦い、苦い」

授業で野草のテンプラ大会。「食べられそうな葉を採っておいで」と言ったら、生徒のひとりが校庭のサクラの若葉を採ってきた。これをテンプラにしたら、とんでもなく苦くてマズイ。

でも、サクラの葉をおいしく食べるときもある。そう、それはサクラモチ。そしてサクラモチを包んでいるのはオオシマザクラの葉だ。

サクラモチのニオイのもとはクマリンという成分である。これはオオシマザクラの葉を塩漬けにして発酵させると出てくる。だから生の葉ではにおいをかいでもあの香りはしない（発酵の過程で苦みも消えるのだろう）。サクラ湯にはヤエザクラの花の塩漬けを使う。このニオイの成分もクマリンだ。だからオオシマザクラ以外でも、サクラの仲間はクマリンを含んでいると思うのだけど、なぜかサクラモチはオオシマザクラの葉を使う。

サクラの花はめでても、葉っぱまでしげしげと見たことはあまりないと思う。サクラの葉でおもしろいのは、葉柄《ようへい》や葉の基部に、花外蜜腺《みっせん》があることだ。

蜜といえば、花が虫を誘うために出すものと一般には思う。ところが花以外でも蜜を出すことがある。たとえばサクラは、葉にそうした蜜を出す腺がある。サクラの花外蜜腺は小さなサカズキ状のもの。野外で見ていると、アリがときにやってきている。こうした花外蜜腺の役割は、アリを寄せ、葉を食べるイモムシなどを撃退してもらうことにあるのでは、と思う。どれくらい実効性があるのかはわからないけれど。見渡すと、イタドリやヘチマにも花外蜜腺はある。花をつけないワラビも新芽には花外蜜腺がある。サクラに限らず、植物のポピュラーな防衛手段のひとつらしい。

花外蜜腺のつき方は、サクラの種類で違っている。林のヤマザクラなら葉柄上に、上下に少しずれて、2個の花外蜜腺が並んでいる。校庭のオオシマザクラの場合は、1個が葉柄上、そしてもう1個は葉のつけ根近くの縁に乗っかっていた。本によれば、エドヒガンは葉の付け根地近くにあるようだ。では、公園のソメイヨシノではどうだろう？　これが、かなり不規則なのだ。数からして、1~3個とバラバラだ。葉柄に1個、葉のつけ根に1個、葉のヘリに1個というのもあった。

さてサクラモチを包む葉が本当にオオシマザクラのものか確かめてみることにしよう。残念。サクラモチを包む葉を見ても、その葉柄上部でスッパリ切られていて、花外蜜腺の位置はわからないのだった。

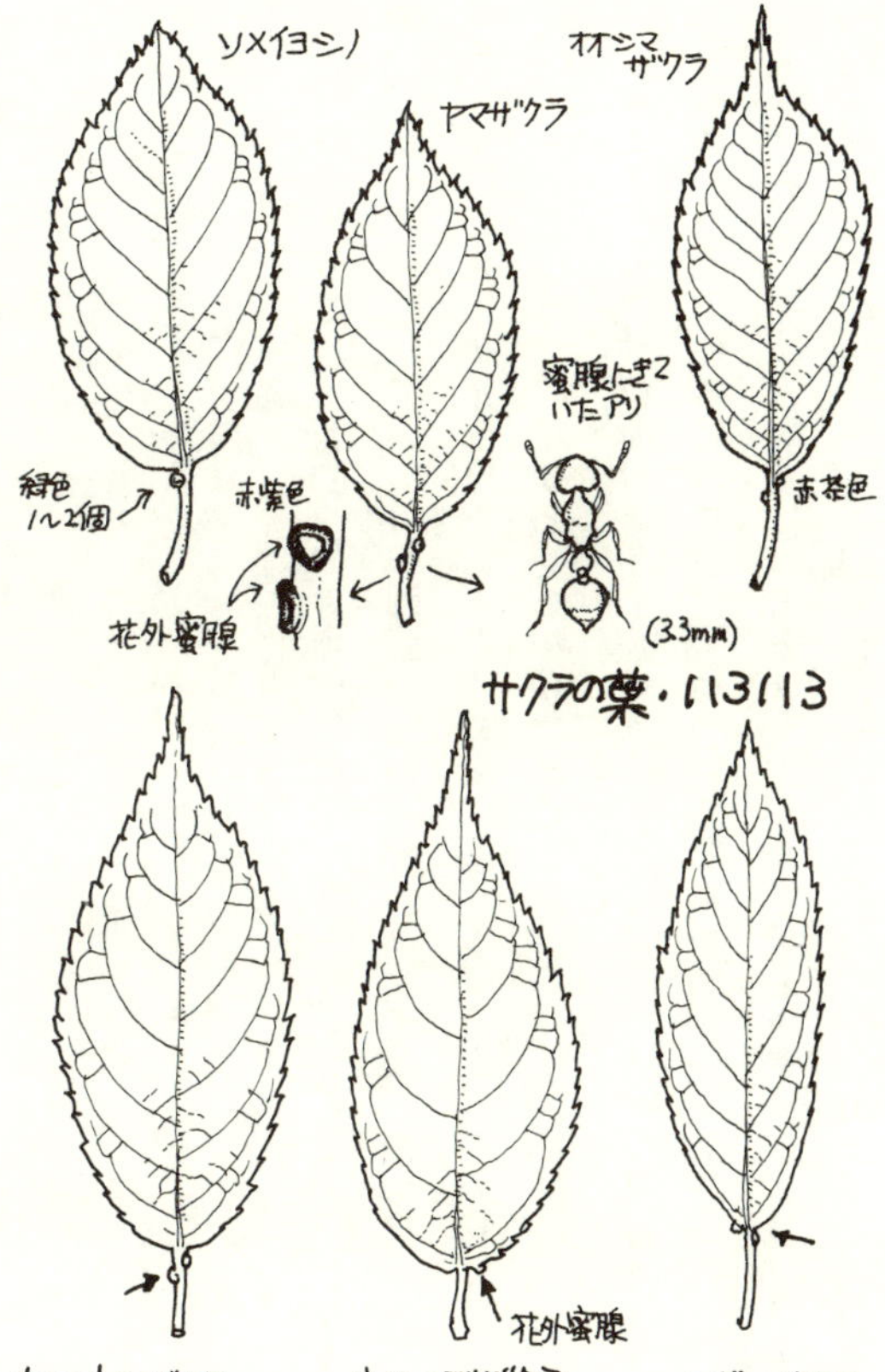
ソメイヨシノ
ヤマザクラ
オオシマザクラ
蜜腺にきていたアリ
緑色
1〜2個
赤紫色
花外蜜腺
(3.3mm)
赤茶色
サクラの葉・113113
花外蜜腺
セイヨウミザクラ
ウワミズザクラ
シダレザクラ

虫を捕るツツジ

【オオムラサキ】

5月の連休のころ、公園やお寺の境内にはツツジの花が咲き誇る。最も大柄で、よく植えられているのが園芸品種のオオムラサキだ。花にはマルハナバチの仲間もせっせと花粉や蜜を求めてやってくる。でも、この花に気づいたら、もう少し別のところを見てみることにしよう。

オオムラサキのつぼみは茶色の皮をかぶっている。そしてこの皮はねばる。その皮に、じつにいろいろな虫がくっついて死んでいるのだ。

学校近くのお寺の境内では、モモブトカミキリモドキやトビイロツノゼミ、ハバチやアブラムシの仲間、ハエが数種、カメムシの幼虫が皮にくっつき死んでいた。千葉の山中のお寺では、小型のトラカミキリの仲間が3種類くっついていた。さらにハムシやジョウカイボン、ベニボタルなども貼りついている。

オオムラサキは都会の植え込みにも使われる。さすがにこうした場所ではくっつく虫は少ない。東京の原宿ではアリとアブラムシの有翅虫《ゆうしちゅう》だけ。池袋も同じくアリとアブラムシの有翅虫だけだった。一方、緑の多い目黒の自然教育園近くの植え込みでは、ハエトリグモをはじめ、都会の中ではいちばん多くの虫を見つけられた。オオムラサキの虫捕りは、一種の環境指標としても使えそうだ。

それにしてもこの虫捕りの技は何か意味があるのだろうか。同じツツジといっても、雑木林に見られるヤマツツジのつぼみの皮はさっぱりねばつかないというのに。

ねばねばして虫を捕らえるといえば、まずモウセンゴケなどの食虫植物が思い浮かぶ。かといって、オオムラサキは虫を食べているわけではない。虫のくっついた皮が地面に落ちれば、やがて根っこを通して栄養を吸収することにはなるかもしれないが。

つぼみの皮がねばるということは、おそらく花を守る意味があるのだろう。つぼみの食害を防ぐための捕虫装置だ。だけど、どう見てもつぼみに害を与えないような虫たちが多く貼りついている。虫にとっては迷惑この上もない、ツツジの用心深さというところか。

オオムラサキは、奄美大島から琉球諸島に分布するケラマツツジと、岡山以西の本州、四国、九州の川岸岩上に生育するキシツツジの雑種であるという。そして、ケラマツツジのつぼみの皮は、ねばると本にある。そうしてみると、オオムラサキの虫捕りはケラマツツジ譲りのものらしい。野に生えるケラマツツジの虫捕りも今後見てみたいものだと思う。

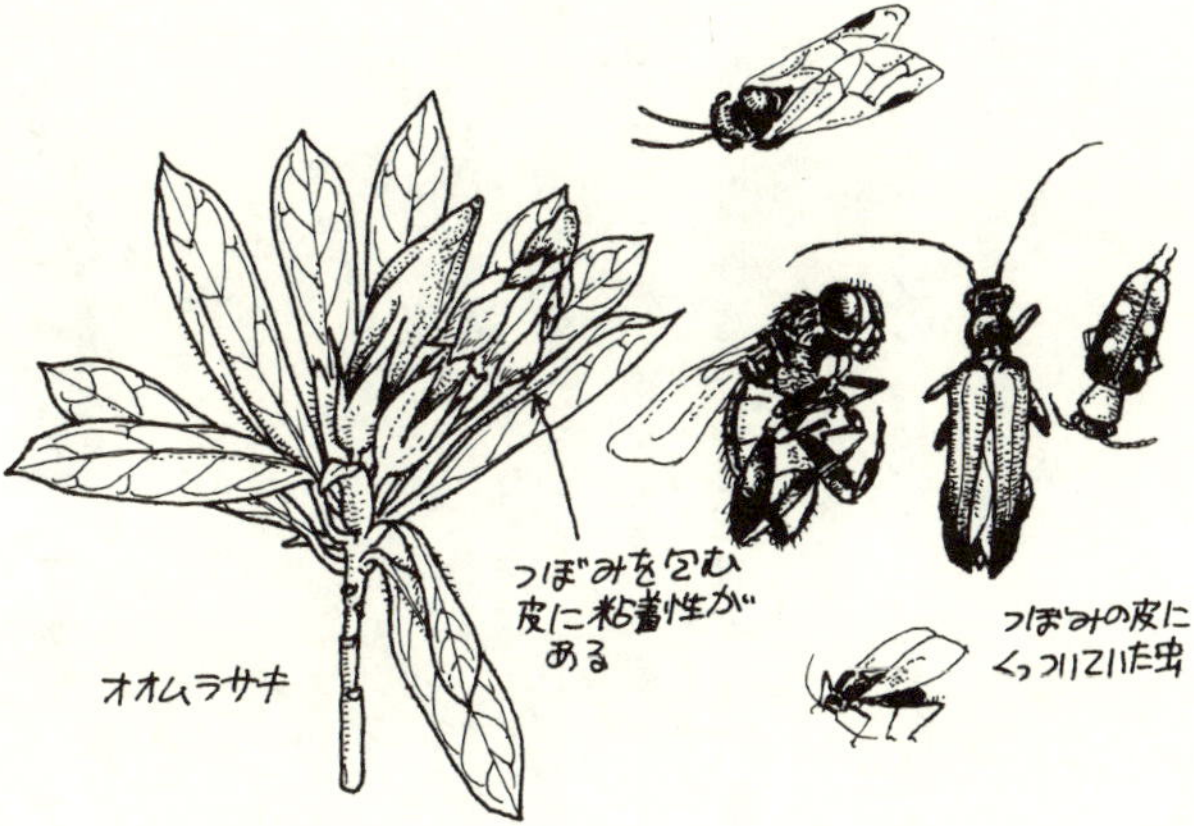
つぼみを包む
皮に粘着性が
ある
オオムラサキ
つぼみの皮に
くっついていた虫

枝の上のナゾのヒモ

【コブシ】

「モリグチさん、ちょっと待ってて」

学校の食堂の売店でアンパンを買っていたら、ヒジヤさんにそう言われた。しばらくすると、発泡スチロールの箱を抱えたヒジヤさんが戻ってくる。そして、「これは何？　庭木についていたんだけど……」と、箱の中のものを指してそう尋ねてきた。

箱の中をのぞいてみると、コブシの枝に、白いヒモみたいなものがあちこちくっついている。

「あっ、これカイガラムシですよ」

僕はそう答えた。

カイガラムシというのはアブラムシやセミやウンカの仲間だ。もともと脚が6本ある立派な虫だけど、多くの種でメスはその宿主である木にぺったり張りつき動かなくなる。そして細長い口を枝に差し込んで樹液を吸って生きている。メスは動かないだけでなく体の上を分泌物で覆うこともあるので、ますます虫らしく見えない。オスの場合は種類にもよるが翅《はね》を持ち、こちらはちゃんと虫らしい姿をしている。

ヒジヤさんが見つけたのは、ヒモワタカイガラムシだ。ヒモ状に見えるのはメスが分泌した物質である。中を見てみると、そこに0・2㎜ほどのごくごく小さい卵と、そこから孵化《ふか》した幼虫がゴマンといた。卵はともかく、小さな幼虫がいっぱいうごめく姿はさすがにちょっと気持ちわるい。この「ヒモ」は卵や若い幼虫の保護袋だったのだ。小さな幼虫はやがてこの「ヒモ」から脱出し、散らばってゆく。適当な場所を見つけ、木の汁を吸い始めるのだが、メスの場合、そこに腰を落ちつけ動かなくなるという次第。

カイガラムシが体表に分泌する物質には、さまざまなものがある。イボタにつくイボタカイガラムシはロウを分泌する。このロウはロウソクの原料にもなるが、漢方薬としても使われることがある。また、東南アジアではインドナツメなど、種々の木につくラックカイガラムシを飼育している。ラックカイガラムシからはシェラックと呼ばれる物質が採れ、これが塗料のラッカーなどの原料となる。ちなみにシェラックは食品添加物ともなる。知らずに口にしていることもあるわけだ。

では、ヒモワタカイガラムシの「ヒモ」は何でできているのだろう？　手で触ると、綿のように柔らかく、そして繊維質も含んでいる。試しにあぶったが、チリチリと燃えて焦げ、ロウのようには溶けてくれなかった。カイガラムシの中には有用種もいるけれど、こいつはただの害虫のようだ。

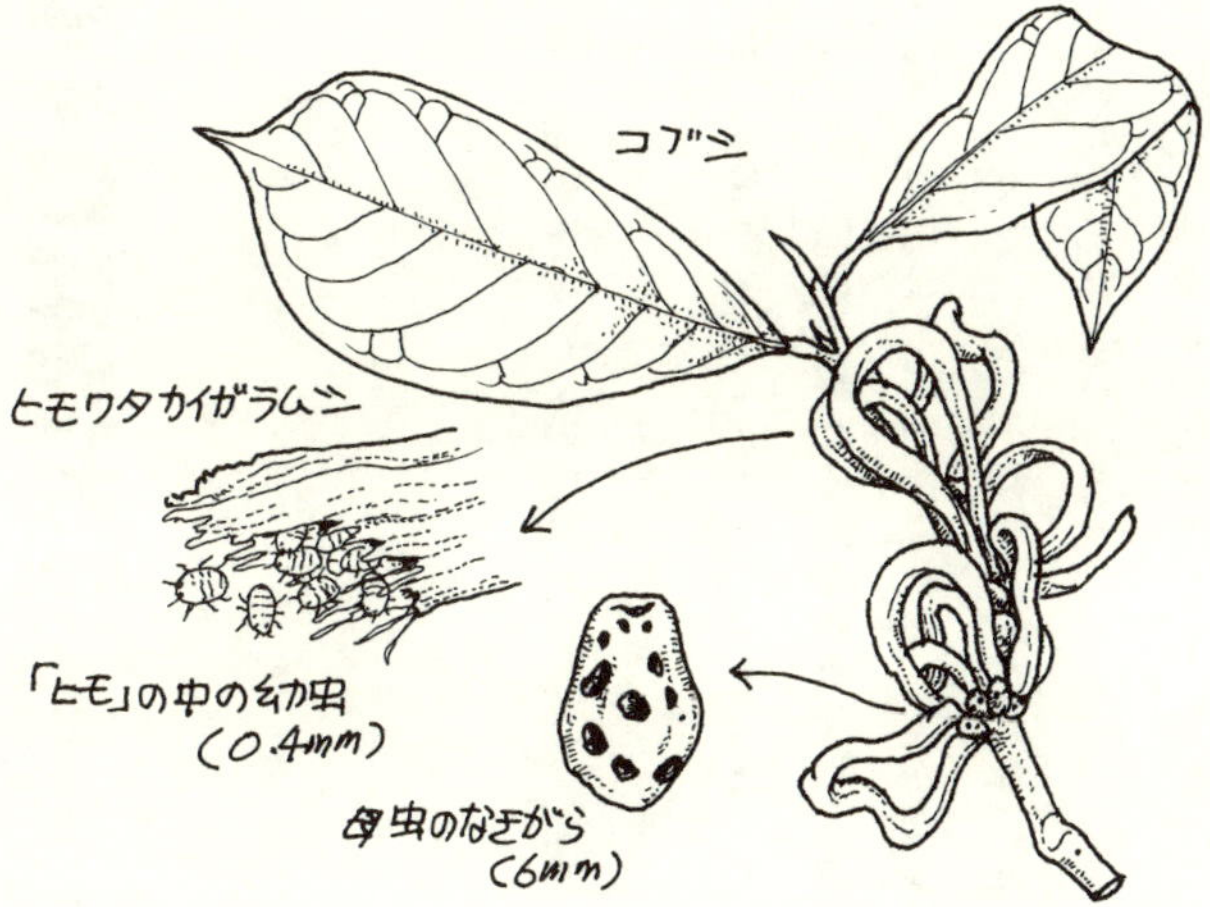
コブシ
ヒモワタカイガラムシ
「ヒモ」の中の幼虫
(0.4mm)
母虫のなきがら
(6mm)

花粉を運ぶのはだれ？

【キョウチクトウ】

「あっ、これは珍しいなぁ」

大学生だった僕は、構内を歩いていて植えられたキョウチクトウが実をつけているのに気がついた。

キョウチクトウは、校庭や公園でよくその姿を見る。夏、花を咲かせるときは目に入るものの、花の時期が終わるとだれも注目しない。僕もそれまでキョウチクトウは何度も目にはしていたけれど、実がなっているのに気づいたのはこれが初めてのことだった。それでもおかしなことに、探してみてもたったひとつしか実がついていないのだった。

キョウチクトウは細長いサヤ状の実をつける。実の中には種子が入っているが、この種子には長い毛が生えている。風に吹かれてあちこちばらまかれるための工夫なのだ。

このことは頭のスミに引っ掛かっていながらも、ほったらかされたままだった。

2度目にその実を見たのは、遠く離れた沖縄の街中でのこと。ふと気づくと、道端のキョウチクトウが、たったひとつ実をつけていたのだった。

ここに至ってキョウチクトウのことを調べだす。キョウチクトウはインド原産の木だ。日本には江戸時代に渡ってきたものだという。キョウチクトウは有毒植物で、誤って口にすると死んでしまうこともある。ただ、インドでは薬としても使うそうだ。

ではキョウチクトウの実はなぜ珍しいのだろうか。本によれば、キョウチクトウは花の造りが独特で、雄しべの葯《やく》（花粉袋）をこじ開ける虫が日本にいないため、日本ではほとんど結実しないとあった。

ナルホド。でも原産地でその独特の葯を押し開ける虫って何なのだろう。

そしてそんな虫がいない日本でも、ごくたまに実がなるのは?

花の時期、もう一度キョウチクトウの下に立つ。ここで結実の少ないもうひとつの理由を見つける。植えられたキョウチクトウは、八重の花が多いのだ。八重のものは雄しべが花びらに変化している。そもそも花粉が作れないのだから、実がなりにくい。

気にして見てみると、思ったよりは実が見つかることもわかってきた。学校付近で見かけたキョウチクトウも、1本の木に数個の実がついていた。大阪城公園ではもっと見た。やっぱり日本でも、だれかが花粉を運んでいるのだろうか。まだしばらく、この木の下に立ってみることにしよう。

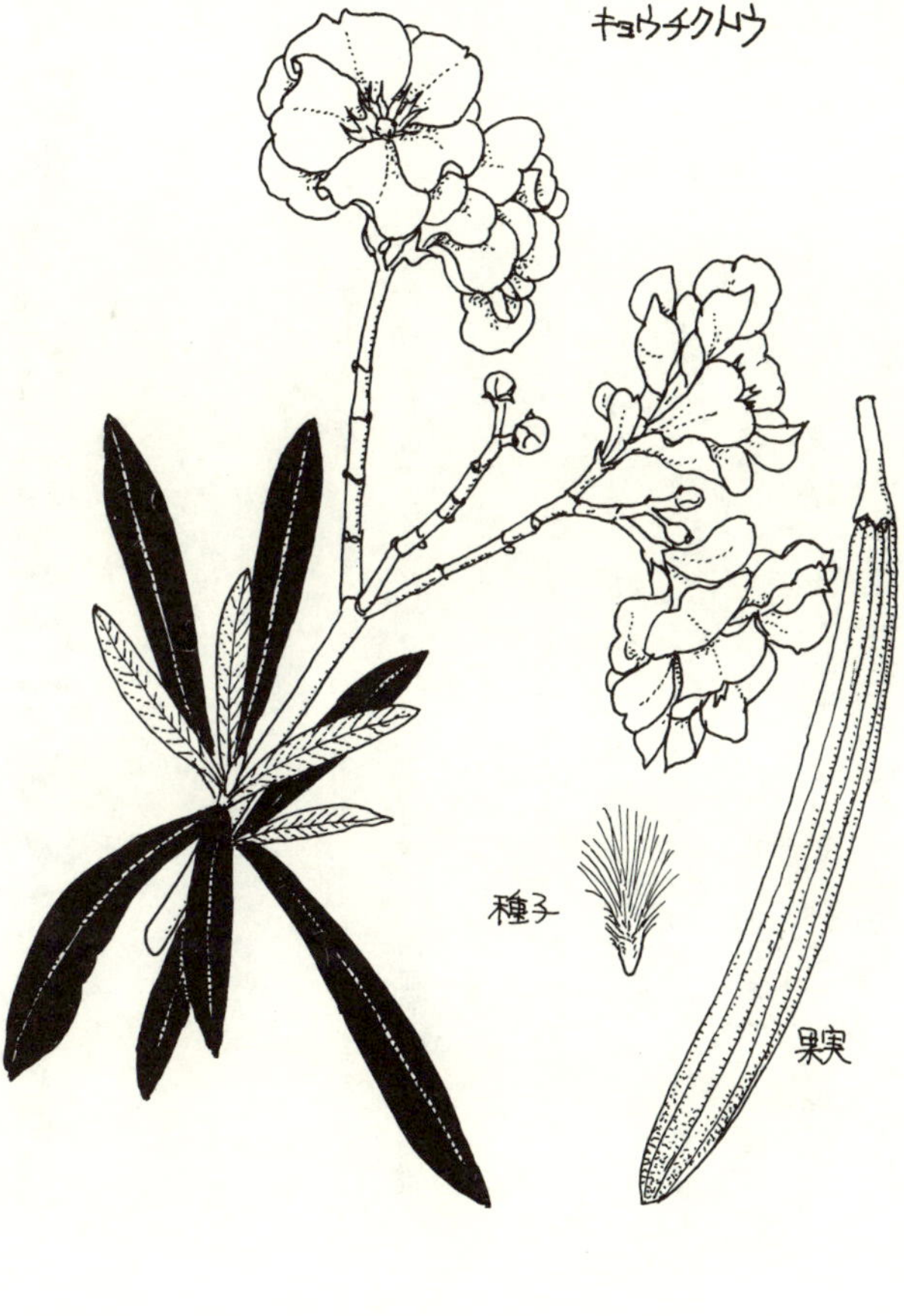
キョウチクトウ
種子
果実

マツボックリのエビフライ

【ドイツトウヒ】


「僕、10個も拾ったよ」

ひとりの子が袋を突き出してうれしそうにそう言った。自然観察会で雑木林を歩きまわる半日。とあるアカマツの木の下でのことだ。

「マツの木の下にはエビフライが落ちています」

僕がそう言うと、初めみんなキョトンとする。

マツの下にはマツボックリが落ちている。そしてマツの下のエビフライも、本当はマツボックリだ。マツボックリの鱗片の内側には羽根をつけた種子が入っている。食用のマツの実はチョウセンゴヨウという別のマツの種子だけれど、アカマツの種子も小さいながら脂肪分に富み、動物たちの好む食料となっている。そしてその種子を取り出すために、動物が鱗片をかじり取ると、その食べカスがまるでエビフライのような姿になるのだ。

エビフライ作りの第一人者はリスである。エビフライが落ちていたら、姿は見えなくてもリスが近くにいる証拠。ただし、ムササビも同じようなエビフライを作ったりする。僕はこの両者のエビフライが見分けられないでいる。アカマツのエビフライは、長さ4㎝と小ぶりだ。でも友人にもらったエビフライは長さ15㎝もあって、さらにエビフライそっくり。これは植えられたドイツトウヒの下で拾ったものという。マツの木の下のエビフライにもさまざまあるのだ。

リスかムササビだけがエビフライの作り手だとずっと信じて疑わなかった。ところがである。沖縄のヤンバルの原生林で、リュウキュウマツの木の下でエビフライを拾ってしまったのだ。沖縄には、リスもムササビもいない。ではだれのしわざ?

ヤンバルには、ケナガネズミという樹上性の大型ネズミが棲んでいる。ケナガネズミはヤンバルで絶滅寸前と聞くから、エビフライを拾っただけで、なんだかドキドキしてしまう。

話は二転、三転する。今度は沖縄島近くの離島へ出かけたときのこと。海岸近くにリュウキュウマツの多い林があった。その林床を見てビックリ。至るところエビフライだらけだったのだ。この小島にはケナガネズミは棲んでいない。となると、作り手は移入種のクマネズミだ。ヤンバルのエビフライの作り手もクマネズミか、と少々ガックリ。

さてそうなると、本土でもクマネズミの作ったエビフライを拾う可能性があるんじゃなかろうか。

「これ、人工《じんこう》エビフライ作ったよ」

林の中でひとりの子が自作のエビフライをかざしてそう叫ぶ。お願いだから変なところでバラまかないでね……。これ以上、エビフライの作り手がだれだかわからなくなると困るから。

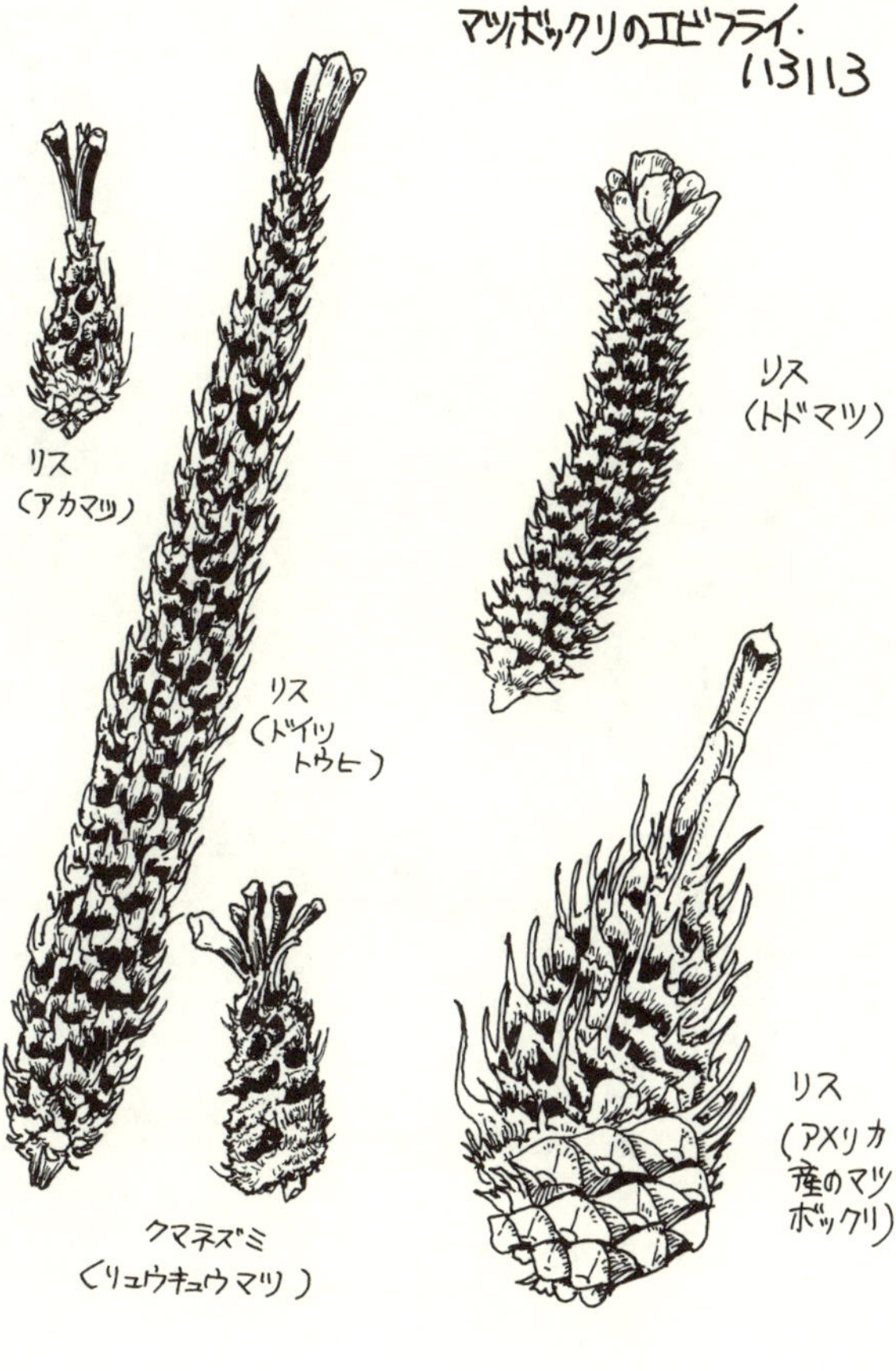
マツボックリのエビフライ・
113113
リス
（アカマツ）
リス
（ドイツ
トウヒ）
リス
（トドマツ）
クマネズミ
（リュウキュウマツ）
リス
（アメリカ
産のマツ
ボックリ）

ブクブクの実

【ムクロジ】

「食べるの？」

僕が机の上に転がした木の実を見て、そんな声が巻き上がる。幼稚園児相手の自然教室でのひとコマだ。

「これは食べられないよ。まず木の実を割って、コップに入れてね……」

僕が教室に持ち込んだのはムクロジの実。透明感のある黄色の果皮の中に、真っ黒な種子が入っている。この種子は正月には欠かせないもののひとつ。そう、羽根突きの羽根の黒い玉はこの種子からできているのだ。

果皮をちぎってコップに入れた後、そこに水を半分ぐらい注ぎ込む。各自にストローを手渡して、息を吹き込ませると……。

「泡が出た」

「ブクブクの実だ!」

みんな夢中で息を吹き込み、コップからあふれんばかりに盛りあがった様を競争し合う。

ムクロジの果皮はかつてセッケンの代用にされた。サポニンという泡立つ成分を含んでいるのだ。シャボン玉として空中に飛ばすほどしっかりとした泡はできないけれど、こんなふうにブクブク遊びをするには充分なほど泡を作る力がある。同じようにサポニンを多く含むエゴノキの実でも、ブクブク遊びはできる。ただしサポニンは毒でもある。エゴノキの実は、かつて魚毒として使われることがあった。川に流して魚をマヒさせ捕るのだ。ムクロジで泡立てた液を誤ってひとくち飲んだぐらいでは、死ぬようなことはない。サポニンは胃からは吸収されづらいから。ただし液を口にすると、とても苦いから、やっぱり注意は必要だ。

ムクロジは、特に絹織り物の洗濯にいいと聞いたことがある。このため、養蚕《ようさん》の盛んなところではよく植栽されたようだ。また神社に植えられることも多い。僕は小さなころ、この遊びを近所の神社の境内でムクロジを拾ったときに父親から教わった。

かつて有用とされたムクロジだが、洗剤の普及とともに人々から忘れ去られつつあるのが現状だ。学校の付近で僕がよく実を拾ったムクロジも、ある日突然根元からスッパリ切られてしまい僕をガッカリさせた。

「みんなでいっせいにやろうよ」

ミサキがそう言った。そこでみんながコップを寄せ集め「せーの」でブクブク。たちまち机の上は泡だらけ。アレ？　ショウタのコップだけ、妙に泡立ちがいいぞ？　ショウタは反則技で、本物の洗剤をこっそり入れていたのだった。

ムクロジ
かたいタネは
羽根つきに使
われる.
黄色い果肉をちぎって水に
入れると泡がたつ

校庭の生きた化石

【メタセコイア】

「生きた化石って硬いの？」

授業の中で、生徒がそんなことを聞くので噴き出しかけた。

生きた化石というのは、太古の昔から、ほとんど姿や形を変えていない生き物のことを言う。植物で言えば、校庭に植えてあるメタセコイアも生きた化石のひとつだ。そんな、今現在、生きているものが「硬い」わけはないじゃないか……。どうやら、生徒たちのイメージでは、化石と聞くと、ついつい石のように硬くなったものを連想しちゃうようなのだ。

メタセコイアは、１９４１年、三木茂さんによって化石植物のひとつとして名前がつけられた木である。ところがその後、この化石で知られていた木が、中国の四川省に生えていることがわかった。日本には、アメリカを経由して、戦後になって持ち込まれ、あちこちに植えられることとなった。

メタセコイアの化石は、学校近くの河原からも見つかっている。

「メタセコイアの実、80個ぐらい見つけたよ」

化石の球果を見つけてきたトモキが言う。化石オンチの生徒がいる一方で、化石マニアの生徒もいる。秋、校庭のメタセコイアは、長さ2㎝ほどの球果（マツボックリのこと）をつける。化石になった球果は、黒く変色し、ペッタンコにつぶれていた。

日本では、メタセコイアは１００万年ほど前に絶滅した。メタセコイアの化石の出る地層から、ゾウの骨や足跡が見つかったこともある。僕らはむろんそんな大物を見つけたことはないが、ヒシという水草の実や、ミズクサハムシの翅の化石ならメタセコイアとともに見つけている。そんな化石が一緒に出ることから、メタセコイアは水辺が好きだった木であることがわかる。

「これ化石なの？」

トモキは別として、一般の生徒をこの化石の出る河原へ連れてゆくと驚かれてしまう。

化石は河原の泥岩の中に埋まっている。ただ、泥岩といってもシャベルやクギで容易に崩せる硬さなのだ。中に埋まっている化石も、ていねいに扱わないと、崩れてしまう軟らかさ。これは生徒たちの化石のイメージに一致しない。じつは100万年程度では、石のように硬い「化石」にはならないのだ。

泥岩の中で見つけたメタセコイアの材の化石の一方に火をつけてみた。煙を上げてくすぶる。またまた生徒は驚く。煙はほのかに石炭くさい。100万年を経た香りが教室に広がった。

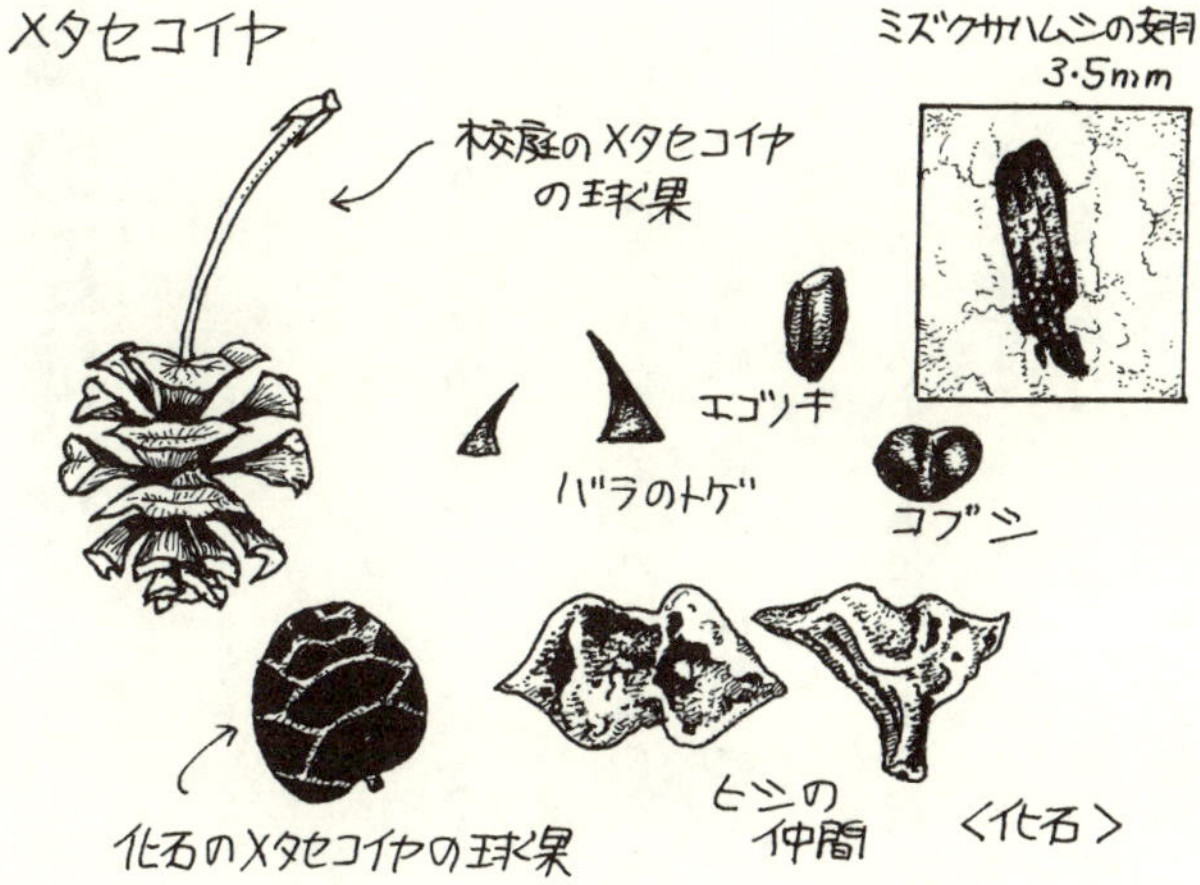
メタセコイヤ
校庭のメタセコイヤの球果
ミズクサハムシの翅
3・5mm
エゴノキ
バラのトゲ
コブシ
化石のメタセコイヤの球果
ヒシの仲間
＜化石＞

樹上の美声の正体は？

【ハナミズキ】

リーリーリー。秋になると街路樹の木々から、高く澄んだ声が聞こえてくる。アオマツムシの声だ。

埼玉の学校に就職した当時、僕の耳にこの虫の鳴き声は聞き慣れないものだった。子供のころ、こんな虫の鳴き声を、聞いたことがなかったから。

「どんな虫なんだろう？」

そう思うけれど、鳴き声ばかりで木の上にいる虫を見つけることができない。そんな僕に、「夜に明かりに来るよ」ということを教えてくれたのは、生き物好きのヒラマツだった。そのアドバイスにしたがって、明かりの周囲を探すと見つかった。全身緑色で、体の緑に黄色の線が走った美しい虫だ。

明かりへやってくるアオマツムシをチェックしたら、8月下旬からやってき始め、9月上旬がピーク、そして9月下旬にはもうその姿は見られなくなった。

「アオマツムシの幼虫を見つけたよ」

今度は虫好きの生徒、イシイ君が報告にやってくる。聞くと校庭のハナミズキで見つけたとのこと。これまた彼の言うように、ハナミズキの木によじ登ってみたら、僕もアオマツムシの幼虫を見つけられた。彼らは一生、樹上生活を送る。

ハナミズキはアメリカ原産の木だ。1912年、東京市からサクラの苗木をワシントンに贈った返礼として、その苗木がもたらされたという。そしてこんな外来の木に棲むアオマツムシもまた、外国からやってきた虫である。

アオマツムシが初めて日本で見つかったのは、1898（明治31）年のことだという。

この年、東京の赤坂で日比野信一という少年が後にアオマツムシと呼ばれることになる虫の鳴く声に気がついた。彼はその後もこの虫に興味を持ち、1915年、ついに虫を捕まえることに成功する（やっぱり樹上の虫を捕まえるのは大変だったのだ）。そして、1919年、北大の昆虫研究者、松村松年によって、アオマツムシの名が発表された。

アオマツムシは東京で初めて発見され、その後も、都市部を中心に生息地を広げている虫だ。そんなことから、明治期に、卵が産み込まれた苗木が持ち込まれたことで日本にやってきたと考えられている。原産地はおそらく中国南部らしい。

ところがおもしろいことに、帰化昆虫であるはずのアオマツムシは、密航してきた先の日本で、初めて学会に紹介されることになる。そのためこの虫の学名には、今も日比野少年の名をとどめている。

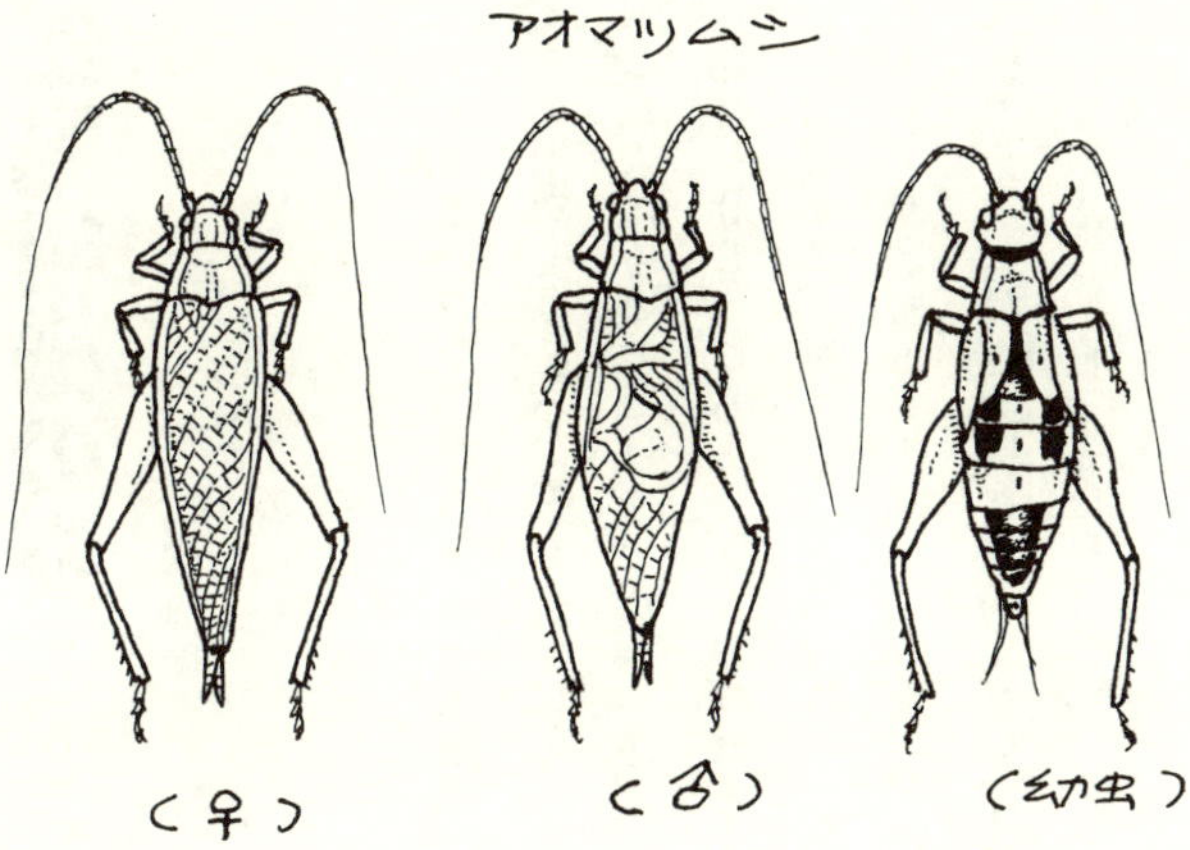
アオマツムシ
(♀)
(♂)
(幼虫)

カイコのご先祖様の姿【クワ】

「カイコ教室、怖くて入れなかった。ニョキニョキ動くのがダメ」

マコが、小学校の思い出をそう語る。好き嫌いはともあれ、小学校時代、カイコの飼育を体験した人は多いのではないだろうか。

養蚕《ようさん》の起源は、紀元2500年ごろまでさかのぼれるという。そしてカイコは、あまたいる昆虫のなかで、唯一の「家畜昆虫」と呼べるものだ。確かにミツバチや、ペットのエサとなるミールワームなど、ほかにも人間の飼育する昆虫はいる。しかしカイコほど人間の飼育下に順応しきったものはない。幼虫は真っ白。野外に放したら、真っ先に見つかって、食べられてしまうだろう。

「うわーっ、なんで触れるの？　もしかして変な人？」

ミキコは、理科研究室でカイコの成虫をいじる僕を見て、そんなことを言う。ガの仲間のカイコは、成虫も嫌われることがある。

「へーっ、飛べないんだ。触ってもいい？」

ところがミキコはこう言いだした。揚げ句に、「カワイイ」なんて言っている。

カイコの成虫は飛ぶことができない。これまた野外では生活できない姿となっている。でも、人間が飼育し始める前の、カイコのご先祖様はどうだったのだろう。

学校周辺にはクワ畑が多い。しかし養蚕が下火になるにつれ、クワ畑は荒れるに任せているところも多い。そうしたクワ畑へ行くと、カイコの先祖のクワコに会える。

クワコの若い幼虫はトリのフンのような色をしていて、野外で見つけるのは難しい。終齢幼虫には胸部に眼状紋がある。この幼虫をつつくと、脚を縮め頭をすくめ、胸をふくらませる。こんな格好をすると、胸の眼状紋が目のように見え、脅しの効果がありそう。こんなふうに、クワコの幼虫は野外で暮らすすべを持っている。

飼育していたクワコはやがてマユを作り、そこから成虫が羽化してきた。その成虫はしばらくすると僕の部屋の中を飛びまわりだす。これまた先祖は立派に飛ぶ虫だったわけである。

野外では秋から冬、葉を落としたクワ畑へ行くとクワコのマユが容易に見つかる。薄く糸をつづった袋の中に、長さ2・5㎝ほどの紡錘形のマユが入っていたら、それがクワコのマユだ。

野外でクワコのマユを調べてみた。合計28個のマユのうち、羽化に成功していたのは半分だけ。野外の暮らしはやはりキビしいのだ。はてさて、カイコとクワコ、どちらの一生が幸せか。

カイコとクワコ

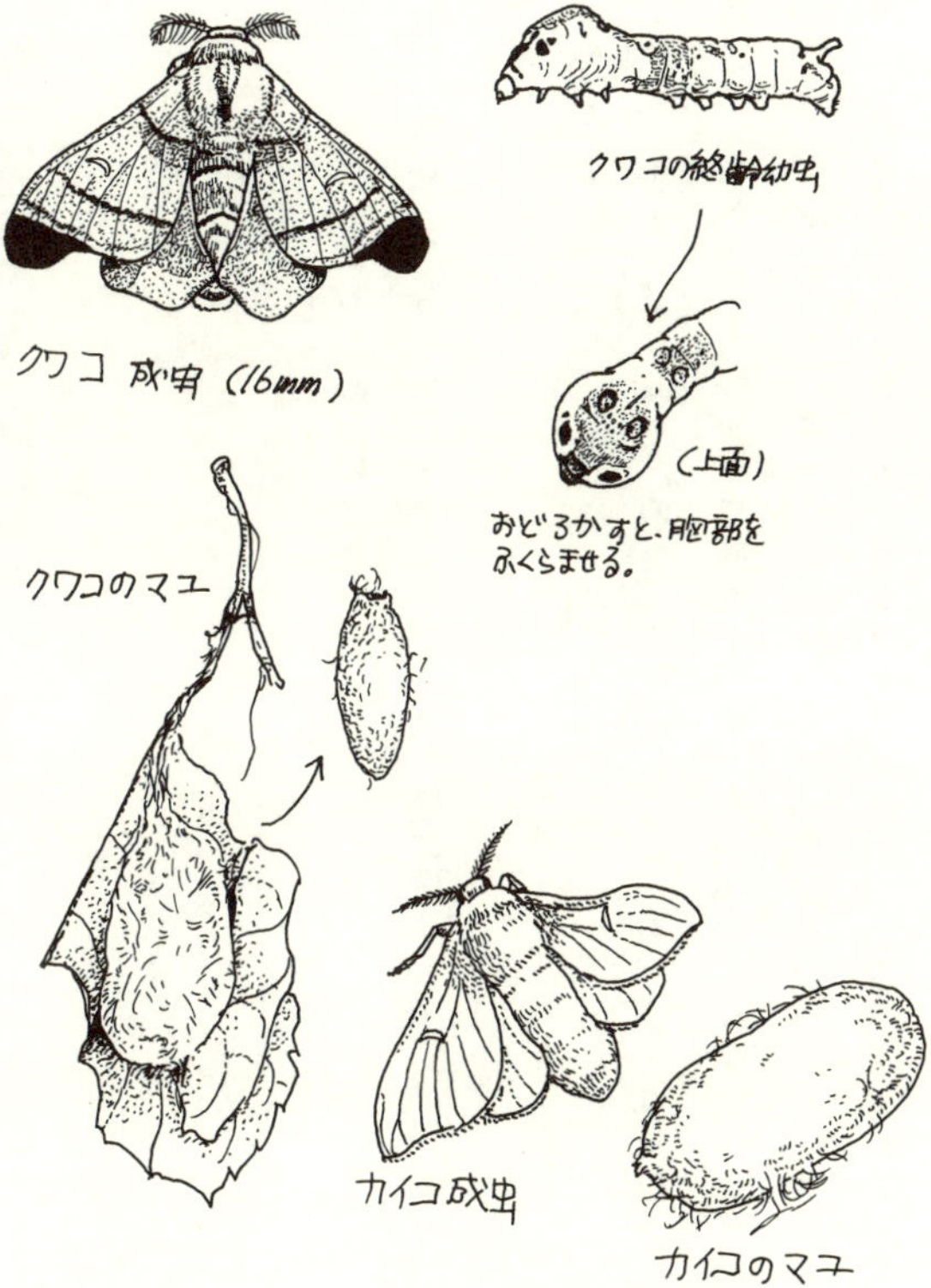

クワコ成虫（16mm）
クワコの終齢幼虫
（上面）
おどろかすと、胸部をふくらませる。
クワコのマユ
カイコ成虫
カイコのマユ

人に生えるキノコ？【クワ】

「人間に生えるキノコってあるの？」

冬虫夏草の話をしたら、ユフキがそんなことを僕に聞く。

「そんなの、ないって」

僕はその質問を一笑にふしてしまった。

ところがそんなキノコがあったのだ。クワ畑に行ったら、切られた枝がたくさん転がっていた。その枝を見てゆくと、中に白い小さなキノコが生えているものがある。堅いので一見、サルノコシカケの仲間のようだが、カサの裏にちゃんとヒダがあるのでサルノコシカケではない。ヒラタケ（八百屋でシメジという名で売られているのはこの栽培品）の仲間、スエヒロタケだ。

これはサクラやクヌギなど、雑木林の枯木でごく普通に見つかるキノコである。学校の木工室あたりに散らばる木材には、やたらに生えているから、僕にとってはおなじみのキノコだ。キノコ好きの知人、マルヤマさんは「あいつはクスノキにも生えるからなぁ」とあきれる。クスノキは防虫成分の樟脳《しょうのう》を含む。そんな木にさえ生えるから、普通種というより、タフなキノコと言い換えたほうがいいかもしれない。

ある日、海岸でウミガメの骨を拾った。まだ骨の油分が抜けていないものだったから、屋外で雨ざらしにすることにした。それから1年。油が抜け白くさらされた骨を見て驚いた。その骨の縁に白い小さなキノコが生えていたからだ。そのキノコがスエヒロタケそっくり。でも骨に生える姿なんて初めて見た。

専門家に鑑定を頼む。鑑定結果はやっぱりスエヒロタケ。そして骨から発生したというのは初耳なので、どこかで発表するようにとのコメントもついていた。

ただ、スエヒロタケが骨に生える可能性は充分にあると鑑定をしてくれた先生は手紙に書く。スエヒロタケは、なんと人体に寄生した例が報告されているキノコだったのだ。謎のセキに悩まされ、入院した女性のタンから分離した菌を培養したら、スエヒロタケが発生したという報告があるのだ。

「このキノコ食べられる？」

枯れ木のスエヒロタケを前に、アズがこう言う。人につく話を知った後なので、笑っていいものやらどうやら。第一、堅いキノコだから食べられるものとは思えないけど。ところがこれまたマルヤマさんに聞くと、外国ではスエヒロタケを食べる例はあるという。一度食べてみるか、とちと悩む。

スエヒロタケは人にも骨にも生える悪食のキノコ。それでもやっぱり人間のほうが、その一段上を行くらしい。

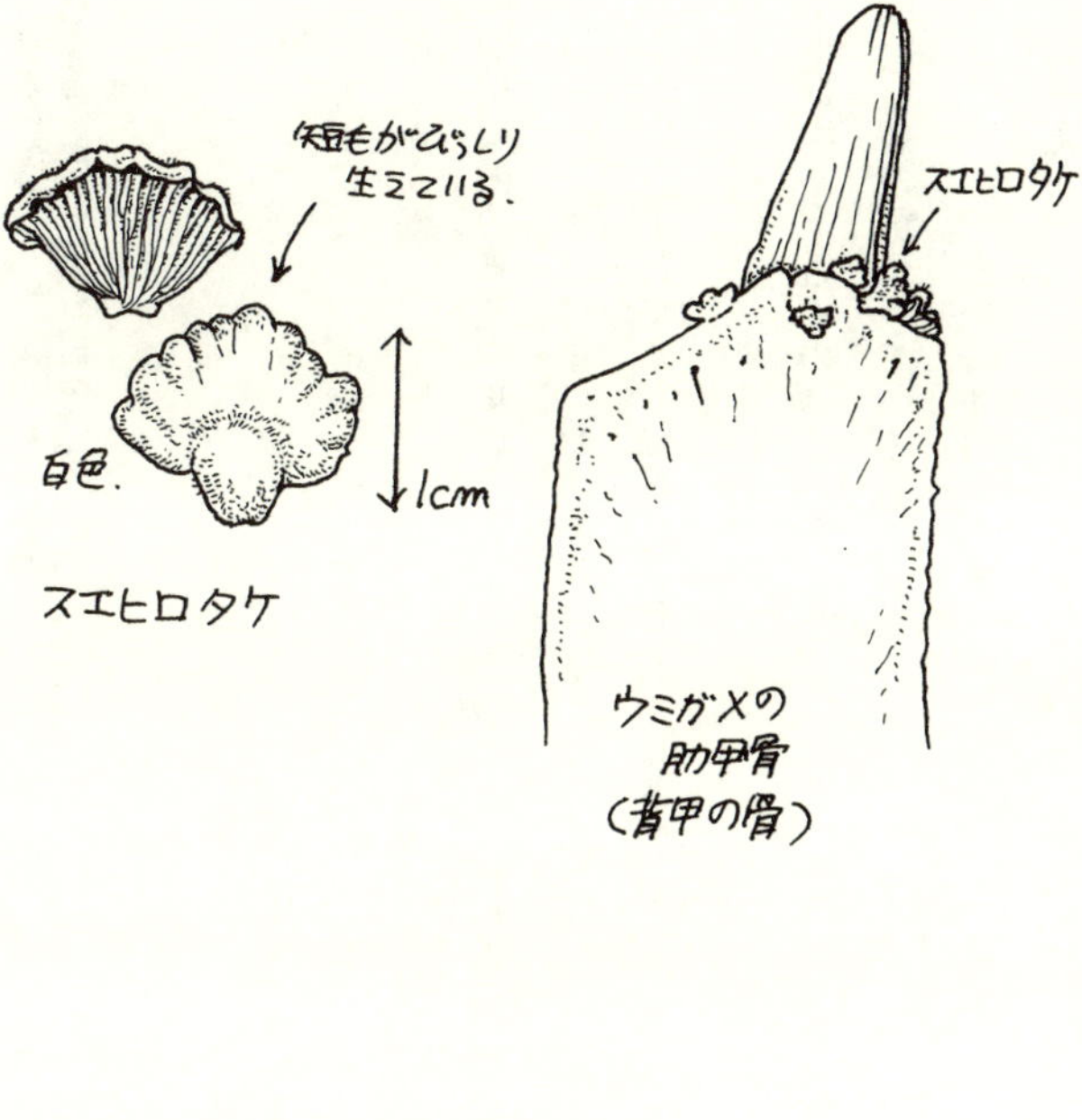
短毛がびっしり
生えている.
白色.
1cm
スエヒロタケ
スエヒロタケ
ウミガメの
肋甲骨
(背甲の骨)

セミにとりつく虫とは【スギ】

「シマッタ」とほぞをかんだ。

家近くのスギの植林地内の林道を歩いていたときのこと。学校周辺では、雑木林と植林地がパッチワークのように入り混じる。雑木林に比べて植林地には生き物の姿は少ない。それでも、植林地に特有の生き物というものもいるにはいる。

足元からセミが飛び出し、近くのスギの幹に止まった。

「ん？　おなかに白いものがついている？」

セミの腹部に貼りついた、白い塊が目にとまる。

「セミヤドリガの幼虫だ！」

スギ林に多いヒグラシの成虫には、セミヤドリガという珍妙なガの幼虫が体表寄生していることがある。ガの仲間でありながら、幼虫はセミの背中に乗っかって、その体液だけを吸って成長する。一度見てみたい、と思ったその虫が目の前にいる。「スケッチ、スケッチ」と慌ててフィールドノートを取り出しかけたときだった。山道の向こうからひとりのオジサンがやってきた。

「こんにちは」

そうあいさつをされ、僕も「こんにちは」と会釈を返した。そして急いで木の幹に目を戻すと、かのセミの姿はなかった。ささやかな礼儀なんてほったらかしにすればよかった！

それでもセミヤドリガはそう珍しい虫ではない。スギ林を見て歩けば、ちょこちょこ出会うことがわかる。次の出会いのときは、家から散歩に出て、わずか5分でこの虫に出会った。僕はすぐそこから虫を捕まえたまま家へとって返した。今度ばかりはじゃまが入らぬようにと。

セミヤドリガの幼虫はヒグラシの腹部にくっついている。セミの体表に糸を張り巡らし、そこに脚を引っ掛けて貼りついているのだ。手で触ると脚を簡単に離してしまう。また、充分成長した幼虫は体表に白いフワフワのロウ状物質をまとっている。セミヤドリガの幼虫期は2週間ほど、と本にある。寿命の短いセミに合わせ、早々と成長期を終えるのだ。そして成長しきった幼虫はセミから離れ、糸を出して木からぶら下がり、林床の小枝上などでマユをつむぐ。こうしたセミから離れた幼虫にも出会うことができた。

成熟幼虫をフィルムケースの中で蛹化《ようか》させたら、しばらくして体長6㎜ほどの黒っぽいガが羽化してきた。そしてこの成虫は、交尾もせずに長さ0・4㎜の卵をケースの中に産みつけた。

交尾せずに産んだ卵は孵化《ふか》するのだろうか。卵からかえった幼虫はどうやってセミにとりつくのか。まだナゾの多い虫である。

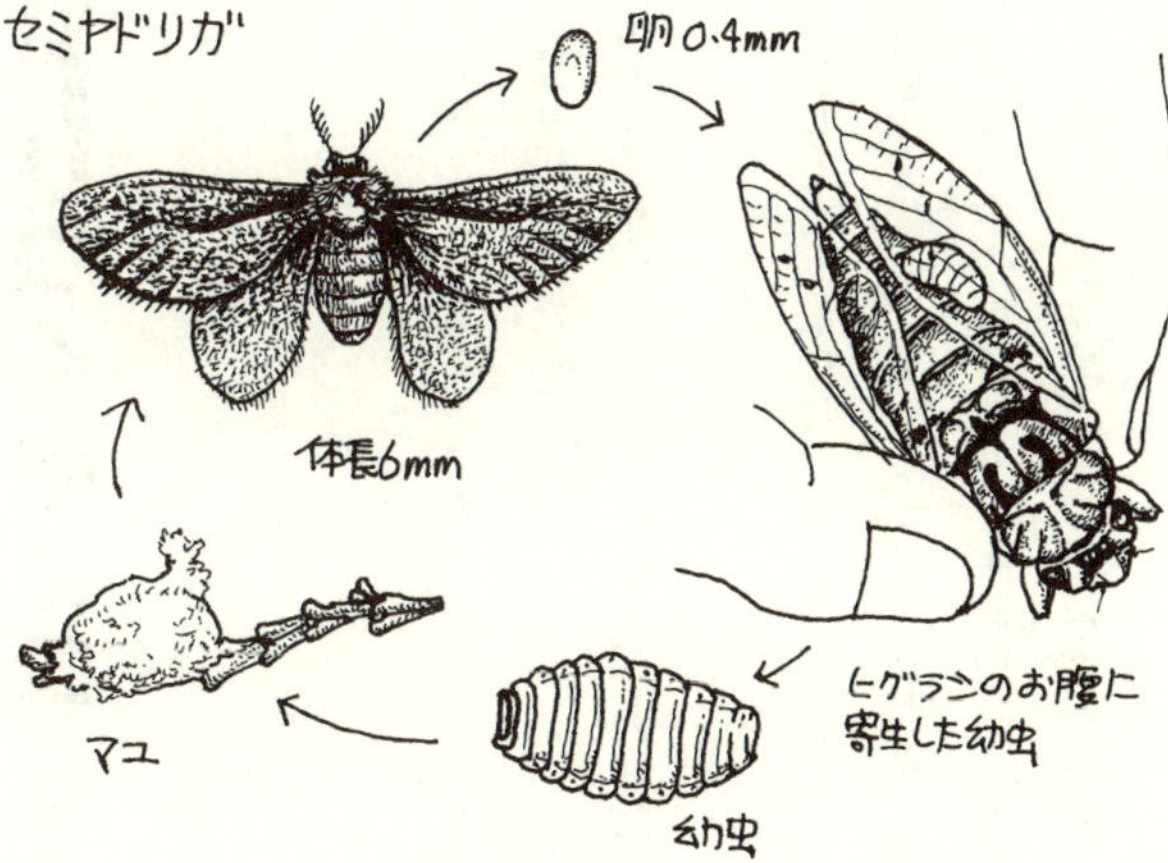
セミヤドリガ
卵0.4mm
体長6mm
ヒグラシのお腹に
寄生した幼虫
マユ
幼虫

トンボにとりつくキノコ【スギ】

「なんだ。またガヤドリキイロツブタケか」

「ヤンマタケ、やっぱり見つけたいなぁ」

10月初旬。高校3年のタカシやニラたちと、雑木林の沢沿いに、冬虫夏草探しに繰り出した。

スギ林と雑木林の交じった沢沿いは、冬虫夏草を探すひとつのポイントとなっている。雑木林が虫を生み出す。そしてスギ林が、暗く湿気た環境を作り出す。林道を外れ、林の中の沢に下り、両側のスギの幹や下生えの低木の枝を丹念にのぞいてゆく。冬虫夏草の中で、枝や幹に着生する種類がそんな場所で見つけられる。

この日はガの成虫にとりつくガヤドリキイロツブタケを8個見つけた。この時期は、いずれも未熟な固体で、ガの体表から白い菌糸の塊をつんつんと四方八方に伸ばしている。だけどお目当てはやっぱりトンボにとりつくヤンマタケだ。姿もカッコイイし、数も少ない。タカシなどはとうとう、「ヤンマタケ、ヤンマタケ」と呪文のように唱えだす始末だった。

ここは年季の差である。沢の木の枝を見上げるうち、ようやく僕が気になるものを見つけた。沢に張り出した枝に止まるトンボだ。姿は新鮮そのもの。が、どうやら死んでいる。

「ひょっとしてヤンマタケがとりついたばかりのトンボかも」

「今度また見に来よう」

生徒たちと喜んで、そう言いかわす。

1週間後。再びその場所へゆくと、枝にトンボはつかまったままだ。ただし翅はすっかり取れてしまっていた。そして腹の体節の節々から、白い菌糸が吹き出している。やっぱり思ったとおり、ヤンマタケにとりつかれたトンボだったのだ。

11月中旬。トンボは菌糸で枝にしっかりと固着されている。それから1週間すると、腹の節々からキノコが少し伸び出しているのが見てとれた。もう冬だ。おそらくヤンマタケはこの状態で越冬し、翌年の初夏、薄い朱色のキノコを完成させ胞子をバラまくことだろう。さらにこのまま観察してその一生を見てとろうと意気込んだ。なにせ学校周辺で15年間、合計14個体のヤンマタケを見つけたものの、こんなふうにトンボにとりついたばかりのころから観察できたチャンスなんて、初めてのことだったから。

そして1月、例年にない大雪にみまわれた。不安を抱え林へ。あちこちでスギが倒れている。輸入材の自由化このかた、植林地のスギも放ったらかされ、大雪に弱くなっているのだ。そしてヤンマタケも枝ごと姿を消していた。大雪のバカヤローと僕は叫んだ。

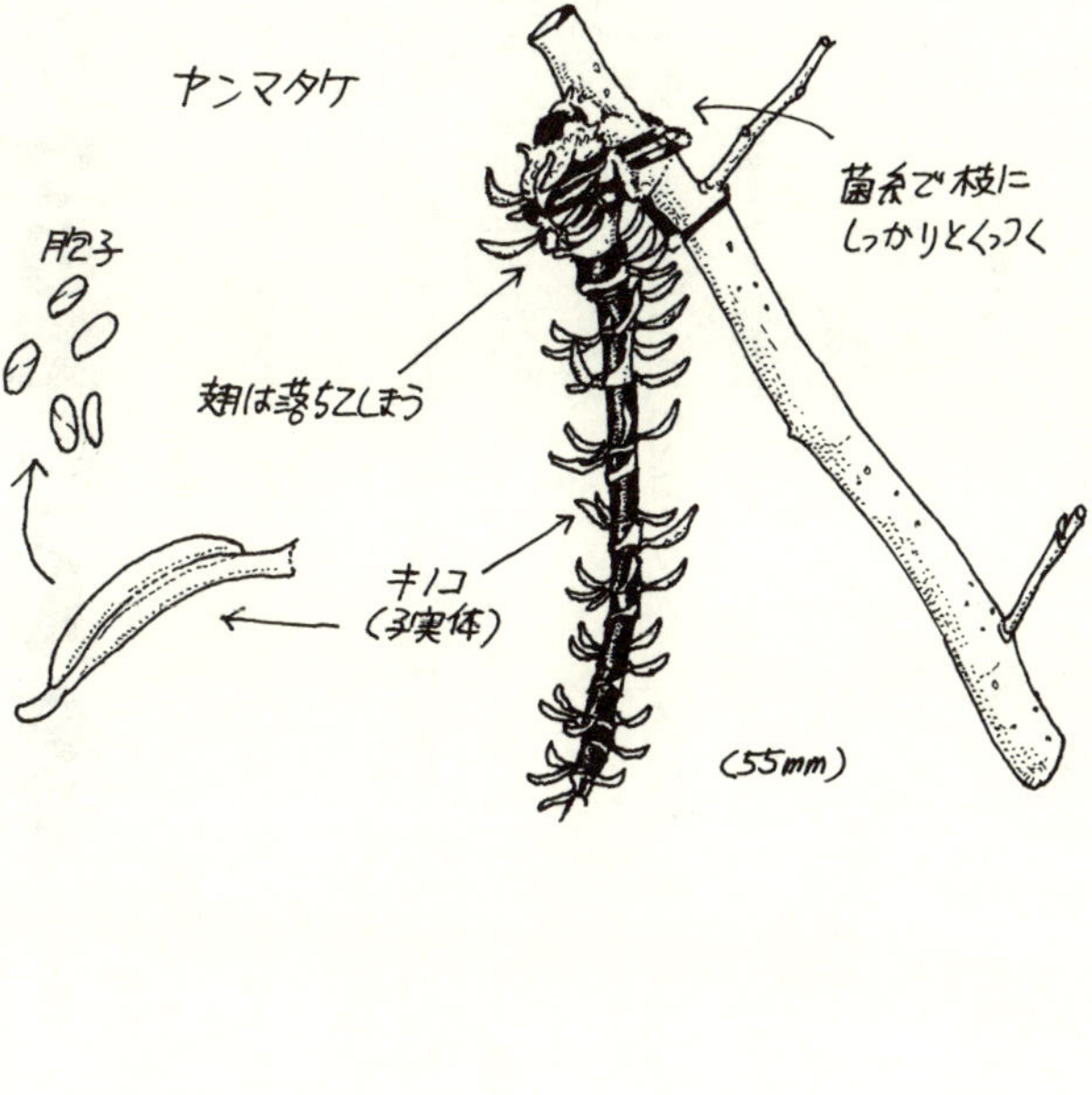
ヤンマタケ
胞子
翅は落ちてしまう
菌糸で枝に
しっかりとくっつく
キノコ
(子実体)
(55mm)

ブッポウソウの幻のプルタブ

【スギ】

学校から車で30分ほど、秩父方面に川をさかのぼったところに名栗村がある。その名栗村のとある神社の境内にブッポウソウが営巣しているのを教えてくれたのは、村の住人マチダさんだった。

初めて見たブッポウソウは思っていたより大きな鳥だった。はばたきはゆっくりして、飛んでいるときは翼の白点がめだつ。

「南国風の鳥だね」

一緒に見に行ったヤスダさんはそう感心する。

ブッポウソウはアジア東部からオーストラリアで繁殖し、日本には夏鳥として渡ってくる。メタリックグリーンの背。翼には青色も混じる。頭は黒く、クチバシは赤い。ヤスダさんが言うように、ふだん雑木林で見かけるヒヨドリやシジュウカラとは色合いがまったく違う。

数日後、大学以来の友人で鳥好きのフカイが来たので、再びブッポウソウを見に行く。

「ブッポウソウは缶ジュースのプルタブを集める習性があるってよ」

そのフカイが意外な話を教えてくれる。

ブッポウソウは虫を食べる。コガネムシやクワガタなど、硬い大型の甲虫も餌とするらしい。そしてプルタブを飲み込んで消化の助けとするというのだ。

ブッポウソウは境内のスギの木のウロに営巣していた。その木の下に、なんと本当にいくつかのプルタブが落ちていた。その中には、二つ折りになったものがあり、その折れ目に虫のカケラが挟まっていた。話を聞いたときは、そんなものを飲み込んだら、胃が切れちゃうんじゃないかと思ったもののそんなことはないらしいのだ。

神社の境内のスギは、植林地のスギとはまた別の役割を持つ。大木となったスギのウロは、ムササビやフクロウ、ミツバチたちの住まいともなる。ブッポウソウは警戒心の強い鳥だ。巣穴を見上げ、プルタブを拾い上げると僕らは早々に木の下を立ち去った。途中、神社の入口わきの電柱の下ものぞいてみる。ここはブッポウソウがよく止まり木にしていたからだ。そこではブッポウソウの羽毛と、はたして彼らの食べ跡か断定できないものの、バラバラになったミヤマクワガタを見つけられた。

それから数年。神社の改築でスギが切られ、ブッポウソウは姿を消した。昭和27年刊、中西悟堂著『野鳥と共に』（創元社）の中には、学校のある街の中でその姿を見る話が出てくる。彼らはしだいに山へ山へと追われている。プルタブも姿を消した今、ここに書いた話は、もう昔話となってしまった。

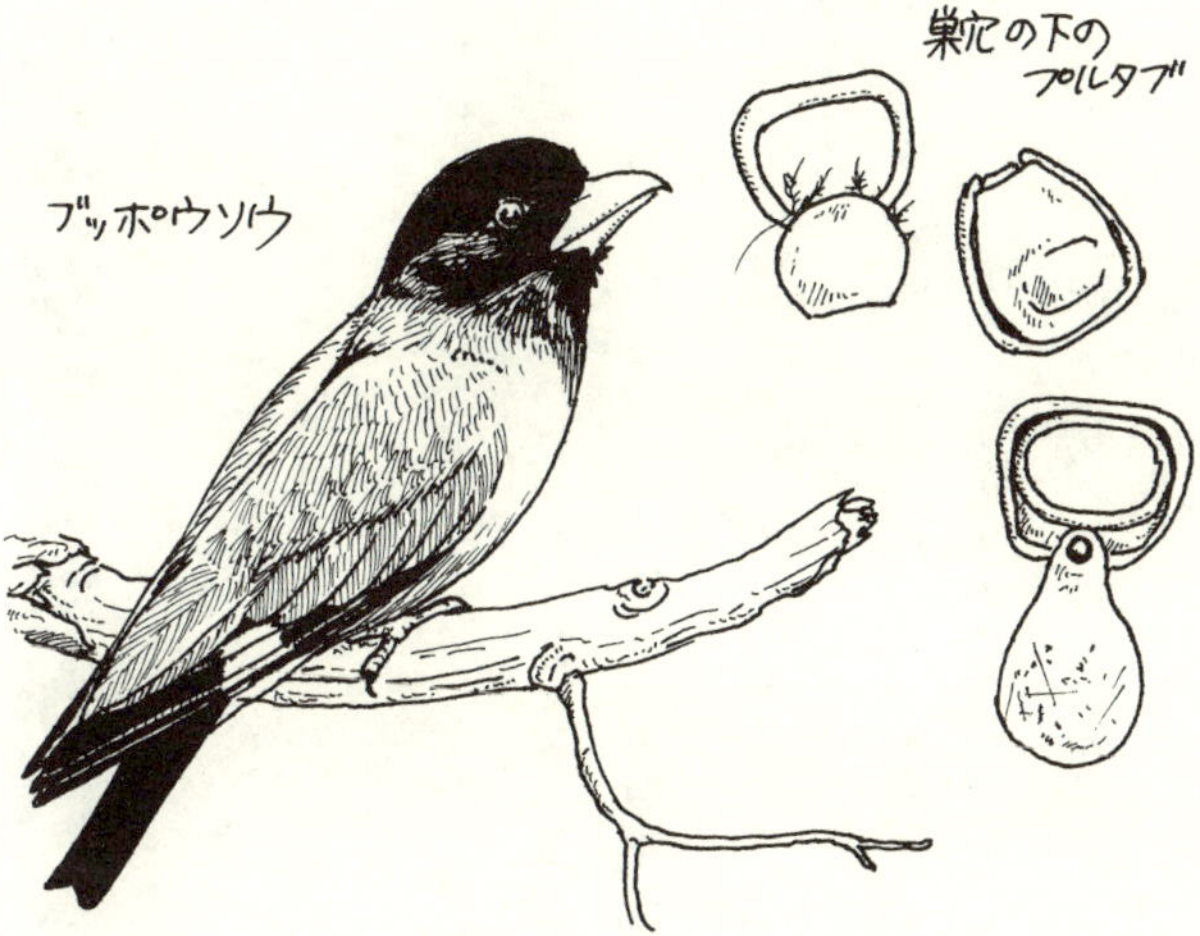
ブッポウソウ
巣穴の下の
プルタブ

タヌキとアナグマのちがい

【モウソウチク】

知人のナカジマさん家《ち》の裏庭には、毎夜動物たちがやってくる。タヌキ、キツネ、アナグマ、ハクビシン。やってくる動物たちの中で、ナカジマさんが一番気に入っているのがアナグマだ。毎夜、彼らの姿を見ているナカジマさんは、ちょっとしたアナグマ博士である。僕もそのアナグマウォッチングに参加した。

タヌキとアナグマはよく混同される。目の周りに同じように黒い縁どりはあるし、中型の哺乳類《ほにゅうるい》という点も同じ。昔から同じ穴のムジナと呼ばれるぐらい。ただし、土中に穴を掘って棲むのは、爪の発達したアナグマのほう。アナグマは力も強く、迷い込んだアナグマを保護しようとしたら、とんでもなく大変だったよと知人が言う。一方のタヌキは、そんなアナグマの古巣を利用したりしているようだ。

ナカジマさん家で行動を見ていると、動作も違っている。イヌ科のタヌキはうろうろ歩く、というイメージだ。そしてイタチ科のアナグマはなんだかのっそりしている。内股で歩き、エサを見つけると、後足を投げ出し腰を落として座り込んだりする様もユーモラスだ。ひとつひとつの動作が、ヒョコヒョコしている感じなのだ。

ちなみにタヌキ汁は名高いけれど、これまた味としてはアナグマのほうがずっと上、という話も何人かから聞いた。残念なことに、僕はまだ口にしたことはないけれど。

ただし、冬場のナカジマさん家の動物ウォッチングで、アナグマの姿を見ることはない。アナグマがタヌキと大きく違うのは、彼らが冬眠をするという点にある。

「今年はね、3月18日に冬眠から目覚めたよ。冬眠に入ったのは、11月10日だったね」

さすがにアナグマ博士のナカジマさんだ。

さて、ではアナグマはどんなところに巣穴を持っているのだろう。ヤスダさんが雑木林を歩きまわっていて、偶然その巣穴を見つけた。それは雑木林に隣接したモウソウチク林だった。その場所へ僕も行ってみる。

言うまでもなく、モウソウチクはタケノコを採る竹だ。中国南部原産で、江戸期に導入されたものである。

竹林のすぐわきには農家がある。こんな人家の裏手で、彼らは巣作りしていたのだ。竹林の林床は下生えも少なく、こんもり盛りあがった斜面の土手に、アナグマはいくつもの穴を掘っていた。入口には古いフンも落ちている。穴の中をのぞき、彼らの見ている夢を思い浮かべ、僕はそっと竹林から立ち去った。

アナグマ

キノコの女王

【マダケ】


日曜日の朝。電話のベルが鳴り響く。ネボケマナコで電話を取った。

「ゲッチョ？　テルだよ。今朝、竹林とこで、あの何つったっけ。白いレースみたいなのがついているキノコを見たよ」

どうも頭がハッキリしない。

「寝てた？」

そう言われ、もう一回言われた内容を頭の中でハンスウする。

「何？　それキヌガサタケじゃないか。今、初夏か。それに竹林。うんうん。そうかそうか。ねぇそれどこ？」

さっきまでのフキゲンな口調はどこへやら、僕は猫なで声で生えている場所を教えてもらった。

前々から、一度は見たいと思っていたキノコ。それがこのキヌガサタケだ。優美な姿から「キノコの女王」とも呼ばれているものだ。

教えてもらった場所へ行っても、それらしき竹林が見当たらない。何度か行き来して、ようやく道わきの土手にマダケが生えているのに気がついた。その土手にキヌガサタケが生えている。

レースをまとったかれんな姿のものは1本だけ、残り2本はもう崩れ落ちた姿だ。

キヌガサタケの根元には、卵状の袋がある。キノコはこの袋を破って成長する。本によれば、このキノコは早朝に袋を破って伸び始めると、2〜3時間で成長しきってしまうというスピードを見せる。そして伸びきって、わずか半年ほどしかその姿を保っていないというのだ。僕は早朝のテルの電話のおかげで、短命な女王の姿に出会えたというわけ。

中国ではこのキノコを食用にする。実際、横浜の中華街で乾燥品のキヌガサタケが売られているのを見たことがある。スープにするとうまいのだそうだ。

僕は持ち帰ってスケッチをし始めた。ところが大変なことがあった。このキノコは猛烈に臭《くさ》い。キヌガサタケの頭部には、褐色のドロドロのグレバと呼ばれる半液体状のものがついている。これがにおう。グレバの中には胞子が入っていて、このキノコはニオイでハエを呼び寄せ、ハエに胞子をバラまいてもらうのだ。もちろん食べるときはこのグレバを洗い流す。

僕はスケッチをしていて、ニオイのために頭痛をもよおすありさま。こうなると、どうにも食欲はわかない。もったいないので、アルコール漬けの標本にはしたけれど。

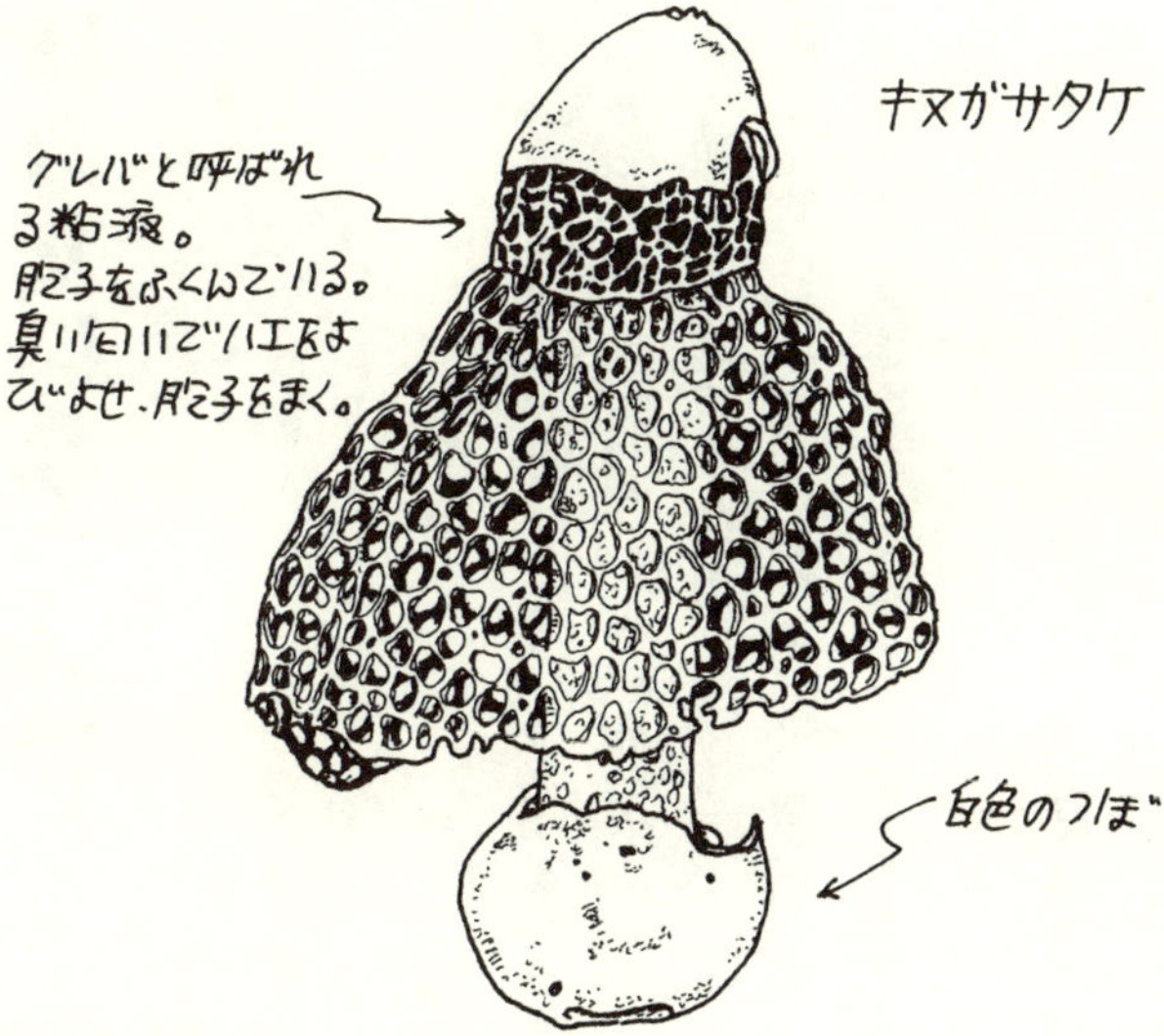
キヌガサタケ
グレバと呼ばれる粘液。
胞子をふくんでいる。
臭い匂いでハエをよびよせ、胞子をまく。
白色のつぼ

怪獣の卵みたいなキノコ

【マダケ】

「イルカになっちゃった」

理科研究室にやってきたマキコがそんなことを言って僕を驚かす。

彼女は、野外でとあるキノコを料理して食べたのだという。すると彼女はイルカになった!?　朝、目を覚ますと、周囲の草ムラが、まるでだれかが泳いだようになぎ倒されていた……。幻覚中毒を起こしたのだ。なんという無謀なやつだろうとほとほとあきれる（くれぐれもマネしないように）。

「このキノコは毒？　食べられる？」

生徒たちはよくそう聞くけれど、毒キノコに共通する見分け方というものはない。結局、食用とはっきりしているキノコに手を出すのが安全。それも特徴がはっきりしているほうが安心だ。

秋のマダケ林で、巨大なキノコに出会った。怪獣の卵のような形をしたそのキノコは、間違えようがない。オニフスベというキノコだ。

オニフスベは大きなものでは直径60㎝にもなる。ただし僕が見つけたのは直径30㎝ほどのもの。若いうちは真っ白だが、僕が見つけたものは完熟し、茶色になったものだった。

高校時代、生物部員だった僕と友人は研究テーマにキノコを選んだ。最も熱心にやったのはキノコ狩りだ。あとはろくにデータもとらず研究らしいこともしなかった。ありあわせの資料をかき集め、どうにか文化祭でキノコ展を出展し、その場をしのいだけれど、どこで聞きつけたか、近所の人が僕たちのところにオニフスベを届けてくれたのだった。キノコの標本は湿気やすく、すぐカビが生えたしりて保存が難しい。ところがホコリタケの仲間のオニフスベは、完熟すると中身は粉状の胞子を含んだスポンジ状になり、嘘《うそ》のように軽くなる。高校を卒業して20年たったとき、母校の理科準備室を訪れる機会があった。その一角にこのときのオニフスベがまだあって、僕はちょっぴり感激の対面を果たした。

それにしても、よく通る道わきの竹林の中だったのに、すっかり完熟するまでその発生に気がつかなかったのが、返す返すも悔しい。まだ若い時期のオニフスベは食用となり、その肉質はハンペンのようと図鑑にあるから、それを味わってみたかったのだ。

「来年こそ」

そう思って、翌年も、翌々年もこの竹林のわきを通るたび、注意して探す。が、どうしてもオニフスベの姿は見当たらない。オニフスベを軽くたたくとバフッと飛び散る大量の胞子は、いったいどこへ行ってしまうのだろう。

オニフスベ

コラム③

ケモノ道ウォッチング　スギ

「これは、学校のネコじゃないか」

とたんにワーッと笑い声が上がる。

ヤスダさんが学校近くの植林地の中の道上に、自動カメラを仕掛けた。赤外線を使い、道の上を何かが横切ると、シャッターが自動的に下りるしくみ。その写真を授業で見る。

「どんなケモノが通るんだろう?」

そんな生徒たちの予想と裏腹に、学校で飼われているネコの姿がスライドに写し出されて、大笑いが起こったというわけ。

昼間、植林地の小道は、人も通う仕事道。ところが人が通らないときは、道はケモノたちのものとなる。

学校のネコが林の中まで歩きまわっていたのは予想外だったけれど、タヌキ、アナグマ、キツネ、イタチ、リスといった野生のケモノたちもやっぱり写真に写っていた。


人の作った道だけでなく、林の中でケモノたちは自ら作ったケモノ道も利用する。かすかな踏み跡をたどって、このケモノ道をゆけば、普段とはまた違った林歩きができる。

タヌキは決まった場所でフンをする、タメフンという習性がある。そんなタメフン場に行き合えば、残された未消化物から彼らのメニューの一端が見えてきたりする。

ある日は毛玉を拾った。どうやらキツネに襲われたノウサギの毛玉のよう。ケモノ道の拾い物は、自動カメラ同様、ふだん見かけぬケモノたちの姿を教えてくれる。

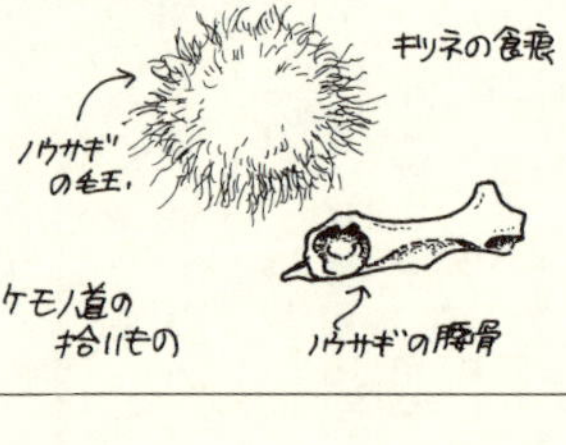

第4章　果物は多国籍

ヤマモモ

日本原産の果物を知っている?【ミカン類】

「日本原産の果物って、どんなものがあると思う?」

生徒たちに聞いてみた。

「リンゴはアジアっぽいよね」とソナ。

「モモって日本産じゃない?」とカオリ。

いろんな果物の名前がある。ミカンの仲間も次々に候補に挙がった。

「カガミモチの上に載ってるやつ」

キカがそんなふうに言うので笑ってしまう。これはダイダイというミカンだ。

「ユズは?」とノブ。

「タチバナってそうじゃない？　確か『源氏物語』の中にも出てきたよ」とキッキ。

そして正解をみごと言い当てたのがキッキだ。日本原産の果物ということは、品種改良される前の祖先が、野山に自然に生えていたということである。

「グミとかクワの実食べたよ」

ノブが言うように、今もそうした野生の木の実を利用することがある。でも、野生のミカンを採って食べたことはあるだろうか。スーパーへ行けば、さまざまなミカンの仲間を目にすることができる。しかし、そのほとんどは、元をたどれば外国からやってきたものたちだ。

ダイダイはインド原産。日本には古くに渡ってきたようで、『古事記』に出てくる「非時香菓」（ときじくのかぐのこのみ）はダイダイだ、という説もある。ユズは中国原産で、日本には、平安時代初期にはすでに入ってきたらしい。多種あるミカンの中でも、日本原産なのはタチバナと沖縄で見られるシィクワシャーだけなのだ。

「タチバナって何？」

カオリがそう聞く。ひな祭りのひな段の飾りにミカンの木があるのを知っていると思う。あれがタチバナだ。ただし僕自身、長い間タチバナを見たことがなかった。

タチバナは伊豆半島以西の海岸近くの林に見られる木だとある。シイやタブを主体とする照葉樹林と呼ばれる林に、古来タチバナは生えてきたのだ。その実は小さく、酸っぱいが、タチバナの生える地域の人々は利用してきた。店頭に並ぶことのないこの実が、元祖、日本のミカンである。

タチバナが元祖であるため、ほかのミカン類もタチバナと関連する別名を持っている。京都の阿部地方に多かったダイダイはアベタチバナ、実の表面がデコボコしているユズはオニタチバナというように。生け垣に使われるカラタチも、本来のカラタチバナが縮まったもの。ようやく対面をはたした元祖のミカン、タチバナの実は酸っぱかった。

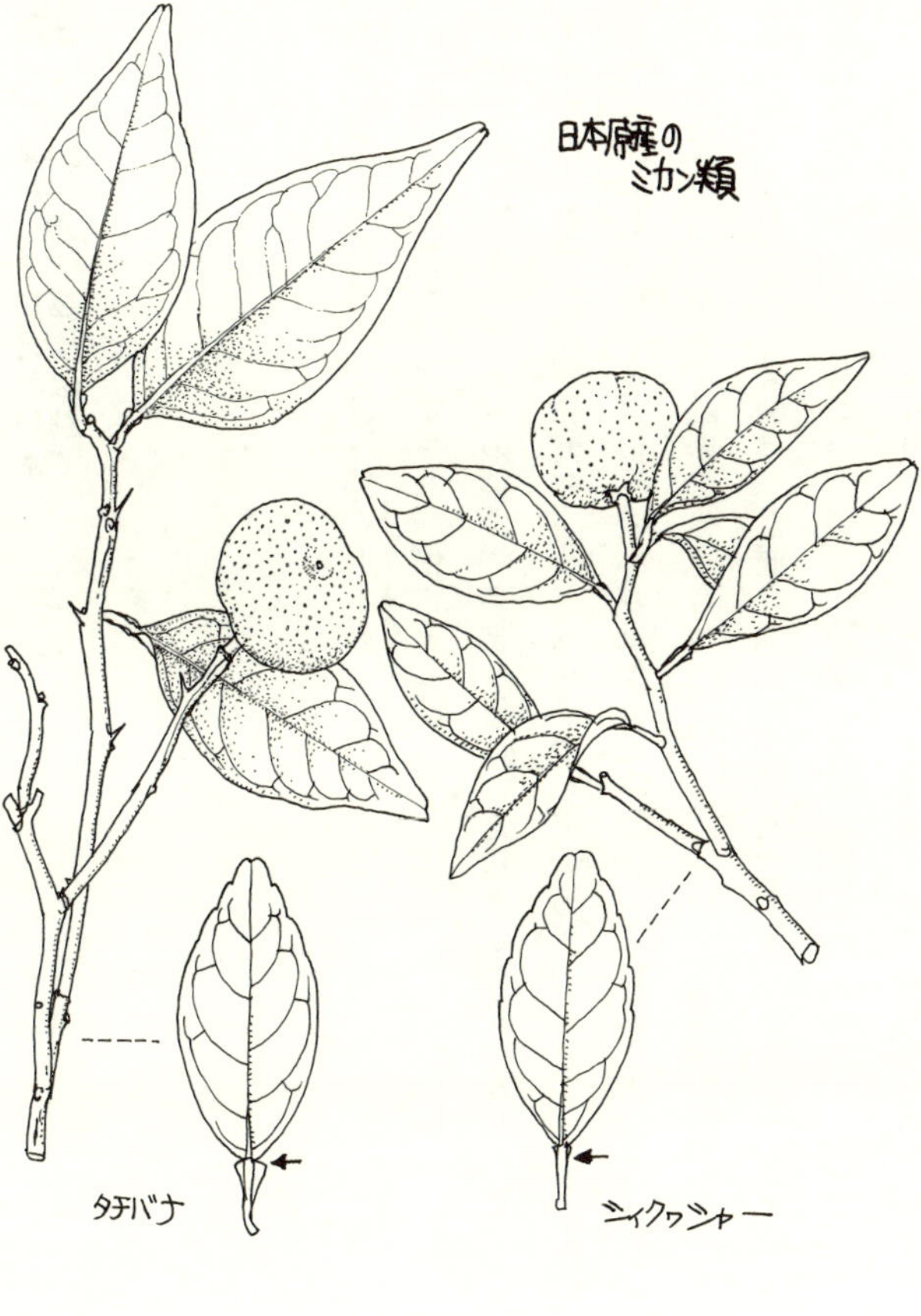
日本原産の
ミカン類
タチバナ
シィクヮシャー

葉っぱの関節?【ユズ】

「ねぇ、なんでこの葉っぱ関節があるの？」

ノリが1枚の葉っぱを指さし、僕にそう聞く。

彼女が指さしたのはユズの葉だ。あまり気にしたことがなかったけれど、広い葉がくびれて、その根元に、小さな葉がついている。

「これは関節じゃないよ。根元の小さな葉っぱみたいのは葉柄《ようへい》だよ」

僕はしばしユズの葉を眺めてそう言った。

葉っぱと枝をつなぐ葉柄は、普通、単なる棒状だ。ところがユズではそれに葉状の張り出しがくっついている。彼女に指摘されたことをきっかけに、このことがにわかに気になりだした。そこでミカンの仲間を見かけると、その葉っぱを眺めてみることにしたのだった。

ウンシュウミカン、ナツミカン、タンカン、シィクワシャー。ところが僕が目にしたミカンの葉っぱは、みんな普通の葉の形をしているものばかり。葉柄はただの棒状だ。アレ？　ユズだけがミカンの中では変わり者なのかなと思う。

そんなある日、コンビニでタイカレーのレトルトを見つけた。タイのカレーは、コブミカンの葉でその独特の香りづけがなされている。そのコブミカンの葉はどんな形？　早速、買い求め食べてみる。カレーの中からはミカンの葉っぱが出てきた。しかしこれまた普通の葉っぱだ。

だがこれは僕のカン違いだった。これからまたしばらくして、デパートで生のコブミカンの葉を手に入れた。それを見て驚く。コブミカンの葉柄はユズの何倍も立派だ。それこそ、本当の葉より大きいものさえある。レトルトカレーでは、葉と葉柄がバラバラになっていて、本当は一枚の葉を二枚の葉っぱとカン違いしてしまっていたのだ。

コブミカンやユズに見られる、この葉っぱもどきの葉柄を翼葉《よくよう》と呼ぶ。ミカンは古くから人の手によって栽培され、次々に品種が作り出されてきた。そのため本当はミカンが何種なのか、ということも研究者によって意見が異なるのだという。そして、この翼葉の発達したコブミカンのような葉が、ミカンの祖先型だと本にある。

ユズはそうすると、変な葉を持つミカンではなくて、本来のミカンの葉の名残を持っているものなのだ。でもなんでミカンの祖先たちは、一見葉がくびれたようにも見える、こんな翼葉を発達させたのだろう？　これは考えてみたけれどわからない。ミカン類の原産地といわれるインドのアッサムで、木の下に立ってみたらその理由がわかるだろうか？

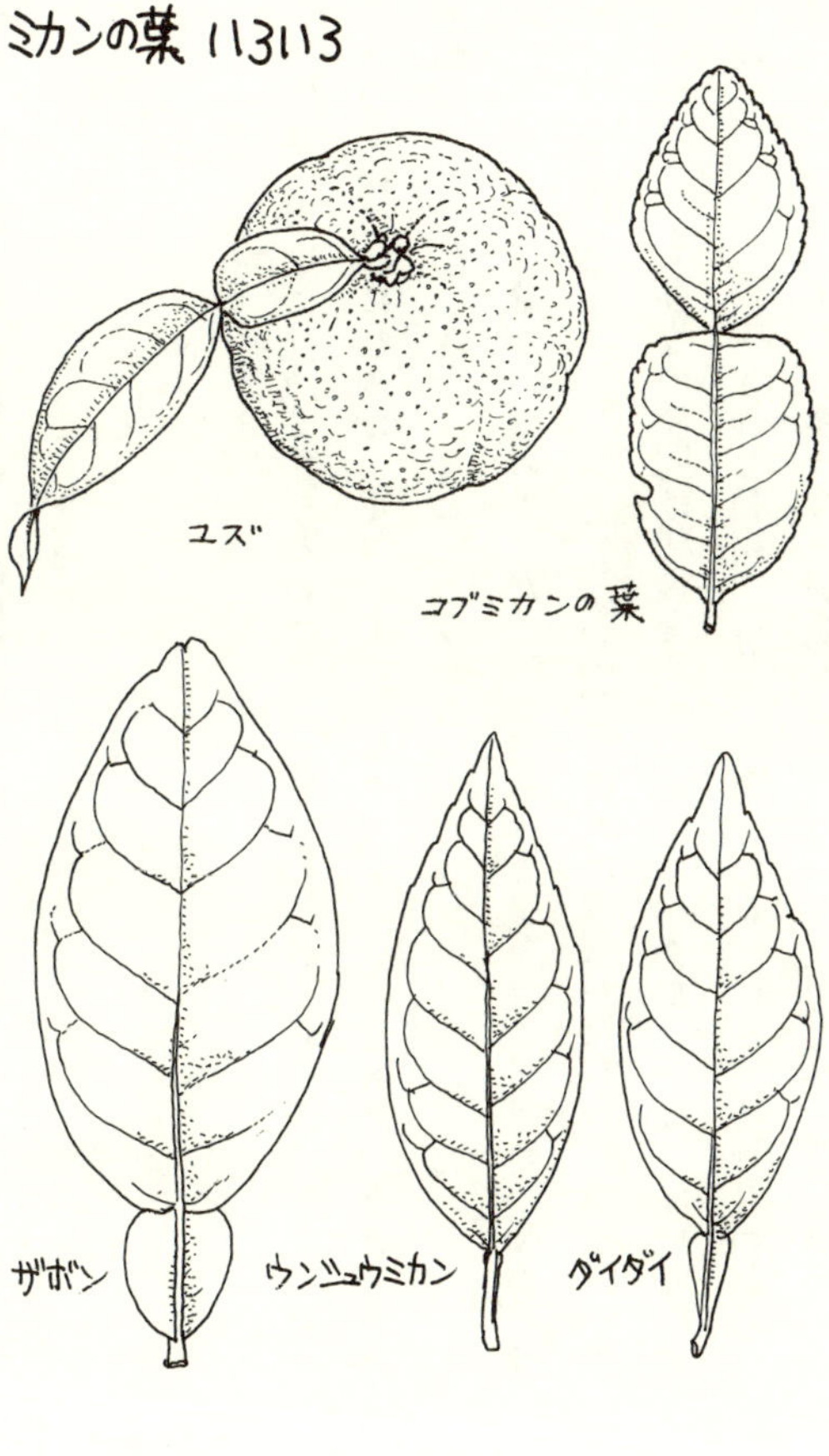
ミカンの葉 いろいろ
ユズ
コブミカンの葉
ザボン
ウンシュウミカン
ダイダイ

樹上の「謎の動物」の正体

【ミカン類】

春休み、伊豆に行ってきたという生徒と話をしていたら、ミカン園で見たナゾの動物の話になった。ネコのようでもタヌキのようでもあったというその動物、彼の話を総合すると、どうやらハクビシンのようだった。

ハクビシンは確かに謎の動物だ。日本で唯一のジャコウネコ科の動物だけど、「ジャコウネコって何？」と聞かれるとまた説明が難しい。東南アジアに行けば、この動物の仲間は種類を増す。日本のハクビシンは、江戸時代に東南アジアから移入された動物では？　と考えられている。そう言われるのは日本国内の分布が不連続で、現在もその分布を拡大中だからだ。以前、重症急性呼吸器症候群（ＳＡＲＳ）のウイルスが、ハクビシンから人間に感染したという報道があったことから、その名を知った人もいるかもしれない。

学校周辺で、僕が初めてハクビシンを見たのは、91年の秋に生徒が交通事故死体を拾ってきたときのことだ。最初は珍しかったハクビシンだったが、以後徐々に見かけるようになっていった。

生徒がミカン園で見たよ、と僕に報告してくれたように、木によく登るハクビシンは果樹の害獣として嫌われている。畑のトウモロコシやキュウリを食べ荒らすこともある。

飼育しているハクビシンの食生活を聞いたことがある。

「こいつは偏食でね、バナナとカステラとブドウにチーズなんかしか食べない。チーズも最初はイヌ用のものだったけど、今は人間用のものしか食べないよ」

飼い主のスズキさんは苦笑い。

「カキとか食べないんですか?」

「細かくしてあげても食べないよ。冬場は東京までブドウ買いに行ったりするよ」

「なんだか人間よりゼイタクですね」

僕もタメ息。カステラもナガサキカステラよりも文明堂が好き……と聞くに及んでは、もう何をかいわんやである。それにしても果物やカステラを好むハクビシンは、大変な甘党ということなのだろうか？

さて、野生のハクビシンではどうだろう。交通事故死したものの胃中をのぞいてみる。

1頭目、ナメクジ13匹にコオロギとカマドウマ。ハクビシンは本来雑食だ。果物ばかりを食べているわけではないのだ。そして2頭目。なんとナメクジ39匹にミミズが1匹出てくる。思いもかけず、野生のハクビシンはナメクジハンターだった⁉　やっぱりゼイタクは環境のなせる業である。

ハクビシン
顔のまん中に、
白いすじがある

ウメの虫の謎

【ウメ】

家の近くのウメ畑を散歩していたら、気になる虫に出会ってしまった。紺色の5㎜ほどのオトシブミの仲間だ。体表には毛がびっしりと生えている。ただしこのウメチョッキリは葉を巻いてようらんを作らない。直径2㎝ほどの、まだ若いウメの実に卵を産みつける虫である。

ウメの木の前で観察を始めた。ウメの実の表面の適当なところに取りついたメスの背中に、オスが乗っかっている。交尾をしながらも、メスは実に口を差し込んで小穴をうがつ。オスはやがて飛び去ったが、メスは穴を開け終わると、体を反転させた。お尻を穴に当てて、数分間じっとする。卵を産んでいるのだ。ここでもう一度、体の向きを変え、小穴の入口を口でかむ。穴をふさいでいるようだ。これで終わり。ドングリに卵を産みつけるハイイロチョッキリのように、実のついた枝をかみ切ることもしない。職人ぞろいのオトシブミの仲間にしては、ずいぶん簡単な産卵行動だな、とちょっと拍子抜けする。

ただ、ウメチョッキリを見ていて、僕には首をひねることがひとつあった。それというのも、そもそもウメも大多数のミカンのように、日本在来の木ではないといわれているからだ。たとえば『原色日本植物図鑑木本編』（保育社）によれば、ウメは中国原産で日本には西暦700年ごろに渡来したと書いてある。『週刊朝日百科植物の世界51』（朝日新聞社）でも、ウメは『古事記』や『日本書紀』には登場せず、『万葉集』に初めて登場することから、中国原産であろうと書いてある。ウメという名前自体、ウメの中国での生薬名、烏梅《うめい》から来ているらしい。

雑木林周辺の生き物たちは、古くから人との関わりの歴史が深い。意外な生き物が古く渡来したものだったりする。でも、である。ウメの実に産卵するウメチョッキリは、いつどうやって来たのだろう。

ウメチョッキリを見ていたら、ウメの葉に来ていた別の虫にも気がついた。体長2・2㎜のウメチビタマムシだ。こちらの幼虫は、葉の中に潜り込んで生活をする。このウメチビタマムシなら、苗木と一緒に中国から渡ってきたと思える。しかし、ウメチョッキリが産卵した実のついた苗木が、中国から渡ってきたとは考えづらい。ひょっとしたら、実から抜け出て土中でさなぎとなったものが苗木の土と一緒にやってきた？　ウメがごく少数でも、日本に自生していた可能性はないのだろうか？　ウメチョッキリの投げかける疑問である。

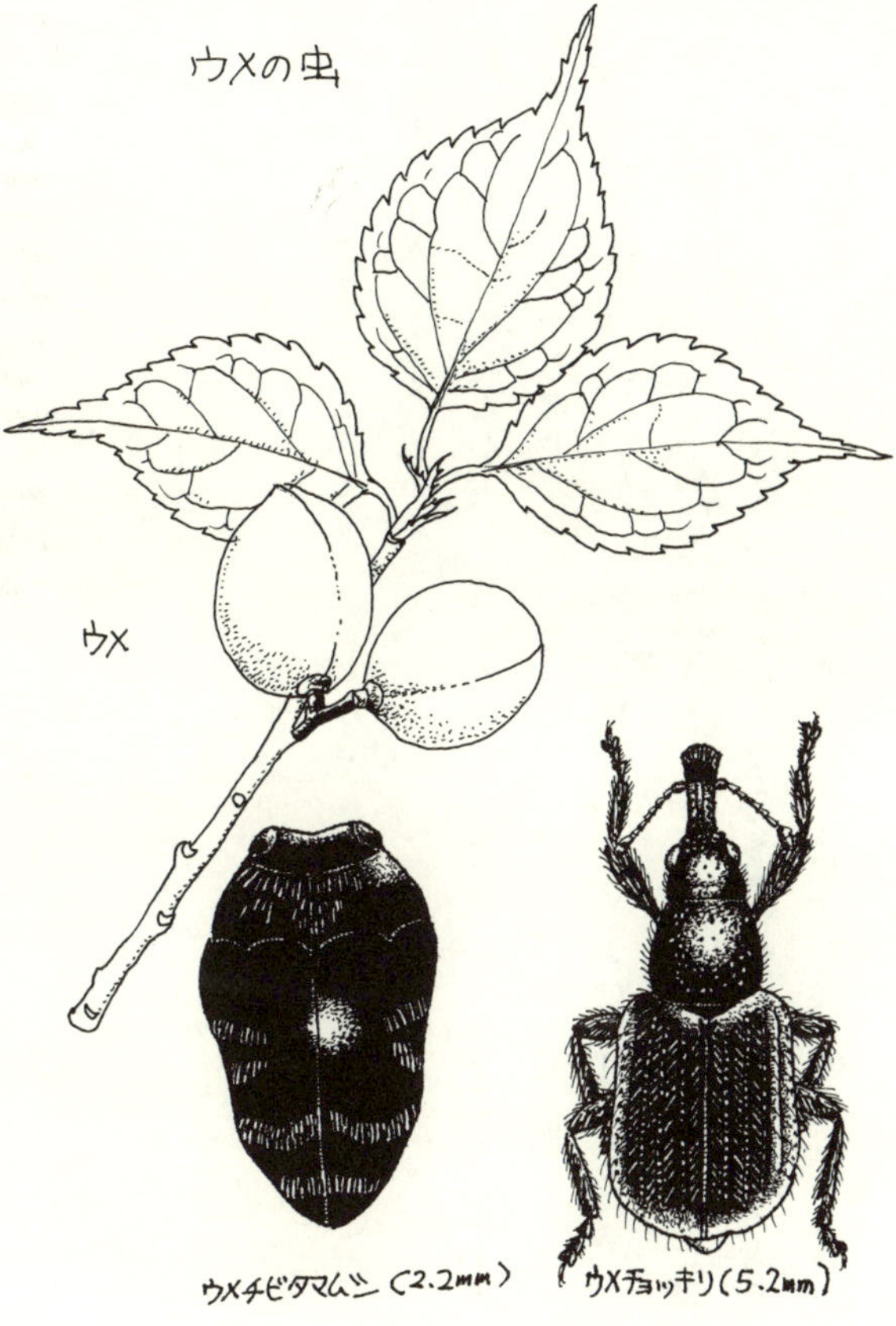
ウメの虫
ウメ
ウメチビタマムシ（2.2mm）
ウメチョッキリ（5.2mm）

ハヤニエって何？【ウメ】

「ハヤニエって見たことある？」

鳥好きの知人にそう尋ねられた。

晩秋から冬の風物詩として、モズのハヤニエは名高い。しかし名高いわりには実際には目にする機会がないのではないだろうか。僕も長い間、ハヤニエはごくごく偶然、ひとつふたつを目にとめるにすぎないものだった。

モズは昆虫をはじめ、小動物を捕食する。そしてその一部を木々の枝に刺してハヤニエとする。これは、エサ不足となる冬場の貯食のためとする考えが一般には流布しているが、よくよく研究するとどうも違っているらしい。おおまかには、モかといって、はっきりこれと言いきる結論もないようだ。

ズはもともとエサを枝に突き刺し固定して食べる習性があることからきているという説と、食べきれないエサを一時的に保存する手段という説がある。

おもしろい説としては、小川巌さんの研究によるものがある。小川さんによれば、ふだんモズが食べる獲物とハヤニエにする獲物ではずいぶん違いがあるというのだ。その結果から、モズはあまり好きではない獲物をハヤニエにしているのではないかという仮説を立てたのである。

あるとき、千葉の実家近くのウメ並木でハヤニエをたくさん見つけた。よく「サクラ切るバカ、ウメ切らぬバカ」と言うように、ウメには枝の剪定が欠かせない。その切られた小枝はモズがハヤニエを刺すのに絶交の道具立てとなっていたのである。この1カ所だけで、都合5年間で47個ものハヤニエを見つけられた。そしてこの多数のハヤニエを並べて見ると、小川さんの仮説も、もっともかもしれないと思うようになった。針を持つミツバチ、臭《くさ》いカメムシ、それに毛虫。一般には食べにくいと思えるこんな虫もハヤニエとなっていたからだ。

そのハヤニエのひとつにツチハンミョウがあり驚く。この虫は有名な毒虫だから。ツチハンミョウは体内にカンタリジンという毒成分を持っている。薬用ともなるが、誤って使えば命をなくした例もあるとも本には載っている。たとえ枝先で干物にしても毒の危険性は変わらない。

さて、モズはこんな毒虫をハヤニエにして、いったいどうするつもりだったのだろう？　はたまたモズがこのハヤニエを口にしたらどうなるのだろう？

ハヤニエは古くて新しい問題を含んでいる。だからウメの木ウォッチングは、実がなる季節だけでなく、葉や実を落とした季節もおもしろい。

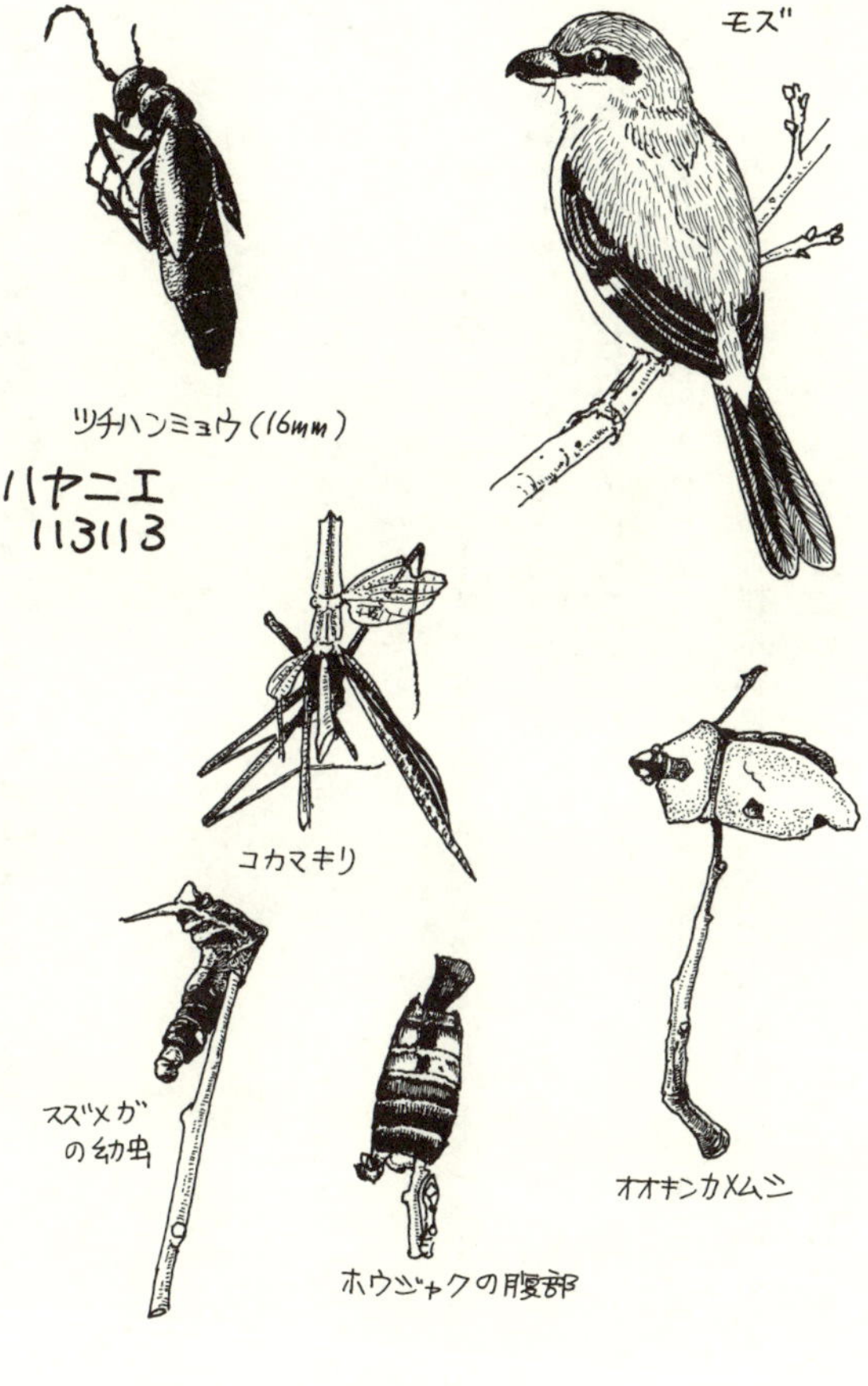
ハヤニエ
いろいろ
ツチハンミョウ（16mm）
モズ
コカマキリ
スズメガの幼虫
ホウジャクの腹部
オオキンカメムシ

おいしくないサクランボ

【サクラ類】

「学校帰りにおいしくないサクランボ食べたりしたよ」とクミが言う。

「ヤマサクランボって呼んでたよ」っとキッキ。

店屋に並ぶサクランボは、セイヨウミザクラの実だ。山形県を中心に栽培されているサクランボは、もともと西アジア原産である。それがヨーロッパで栽培、品種改良され、日本に持ち込まれたものだ。もちろんサクランボはサクラの実だ。だから雑木林周辺のほかのサクラも実をつける。でもこれはクミが言うようにおいしくない。雑木林に多いヤマザクラは、熟すと黒くなる実をたくさんつける。鳥たちはこの実が好きだけど、口に入れると苦みが残る。校庭に植えられているオオシマザクラも、同じような実をつけ、やっぱり苦い。ところ変わって、沖縄の公園にはカンヒザクラがよく植えられていて、この実はヤマザクラに比べ粒も大きく、苦みも少ない。それでも本家のサクランボとは比べものにならないけれど。

さて、では花見の主役、ソメイヨシノはどうだろう。公園のソメイヨシノがたわわにサクランボをつけている姿を見たことがあるだろうか。

公園のソメイヨシノの木の下に行って、枝を見上げてみる。まったく実をつけていない木もある。それでもひとつふたつと実をつけている木も見つかる。それにしても、ヤマザクラやオオシマザクラと比べると、そのつける実はあまりに少ない。

花見の主役、ソメイヨシノは野生のサクラ、エドヒガンとオオシマザクラがかけ合わさった雑種といわれている(完全に証明されたわけではないらしい)。『日本人が作りだした動植物——品種改良物語』(裳華房)によれば、1730年ごろに、江戸、染井の植木屋、伊藤伊兵衛が作り出したものとあるが、これまた異説もある。

出自にはっきりしない点もあるけれど、ソメイヨシノは最初「吉野桜」という名前で、江戸末期ごろから染井の植木屋から盛んに売りに出されたものだ。そして1900年（明治33）年になって、園芸雑誌にあらためてソメイヨシノの名が発表された。日本を代表する植木でありながら、意外に歴史は新しいのだ。

そしてソメイヨシノは雑種起源であるために、うまく実がならないようだ。雑種のサクラの花粉を調べてみると、中が空っぽだったりして、異常なものがめだつという……。

では、たまに実る実の中の種子を植えたらどうなるだろう？　おそらくソメイヨシノとは別の姿のサクラが生じてくるだろう。ソメイヨシノは、野では生きられぬサクラなのだ。

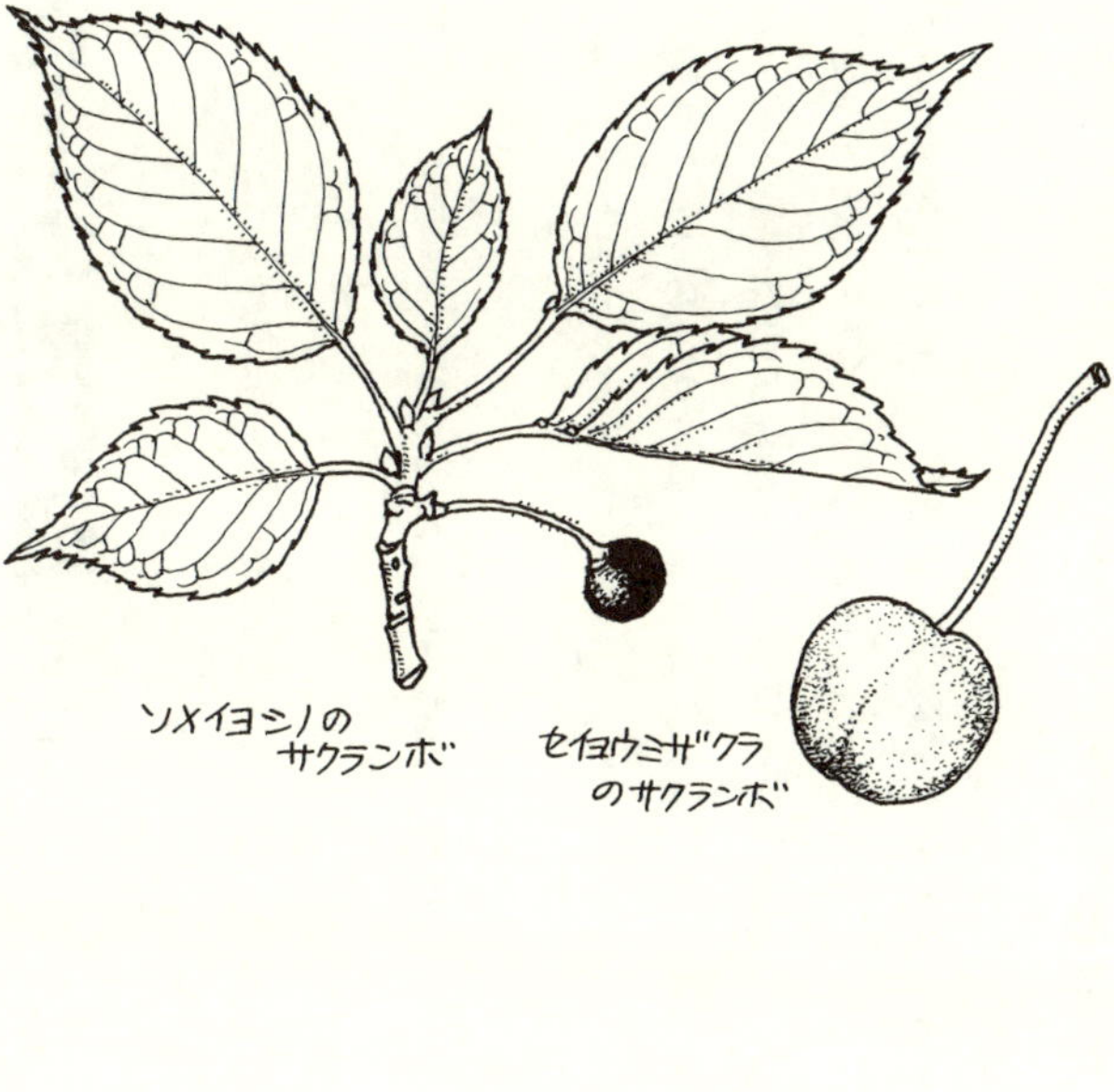
ソメイヨシノの
サクランボ
セイヨウミザクラ
のサクランボ

モモのゼリーの使い道【モモ】

「モモの樹液っていったい何？　ボタボタとゼリー状のものが出てくるけど、なめても甘くなかったよ」

学校の同僚にそう尋ねられて首をひねってしまった。

気にしてみると、確かにモモの木からは、そんな樹液が出ている。木の幹からだけではなくて、傷のついた若い実の上にも、同じようなゼリー状のものがついている。樹液そのものをなめても、甘くは感じないということは先に書いたけど、コナラやクヌギなど、一般的な樹液はこんなふうにゼリー状には固まらない。

モモは中国原産の果物だ。ただ、ひょっとしたらわずかに日本にも原産していたのでは？　と言われていて、議論が残されている。植物学者の前川文夫さんは、古い時代の「モモ」は暖地の林に見られるヤマモモのことを指したのではないか、と考えた。バラ科のモモに対して、ヤマモモはヤマモモ科だから、まったくグループは違う。それでも、堅い核の周りに柔らかい果肉がついている点は似ている。中国からモモが入ってきたとき、こちらは果皮に毛があるからモモと呼びわけてケモモと呼んだ。それがいつのまにやら、ケモモがモモに取って代わったという考えだ。沖縄の伊江島では、庭に植えられた小粒のモモをヒーモモと呼んでいた。西表島ではターモモと呼んでいたという。これらの名前は、モモを昔はケモモと呼んでいた名残かもしれない。

さて、例のゼリー状の樹液。これは思わぬところで人間に利用されているものだった。

関根秀樹さんの『縄文生活図鑑』（創和出版）を読んでいたら、この樹液の話が出てきた。僕たちがなにげなく使っている絵の具、昔はその絵の具にこの樹液が使われていたと知ってビックリする。絵の具は色材と、色材をくっつける接着剤からなっている。そして透明水彩絵の具の接着剤に、昔は樹液を使っていたとある。スモモやセイヨウミザクラの樹液を、チェリーゴムと呼び使用したとある。モモの樹液もこれと同じものだろう。

このゼリー状樹液がいちばんたくさん採れるのは、同じバラ科のソメイヨシノだ。木の幹から樹液を集め、水に溶かしてみる。この溶液を乾燥させるとアラ不思議。容器の底に、ペラペラで透明なプラスチックシートのようなものが残された。乾くと透明で固まる性質が、絵の具の接着剤として好都合だったわけだ。

本来この樹液は木の傷を防ぐ役目なのだろう。それに目をつけ、利用法を編み出した人はエライ。

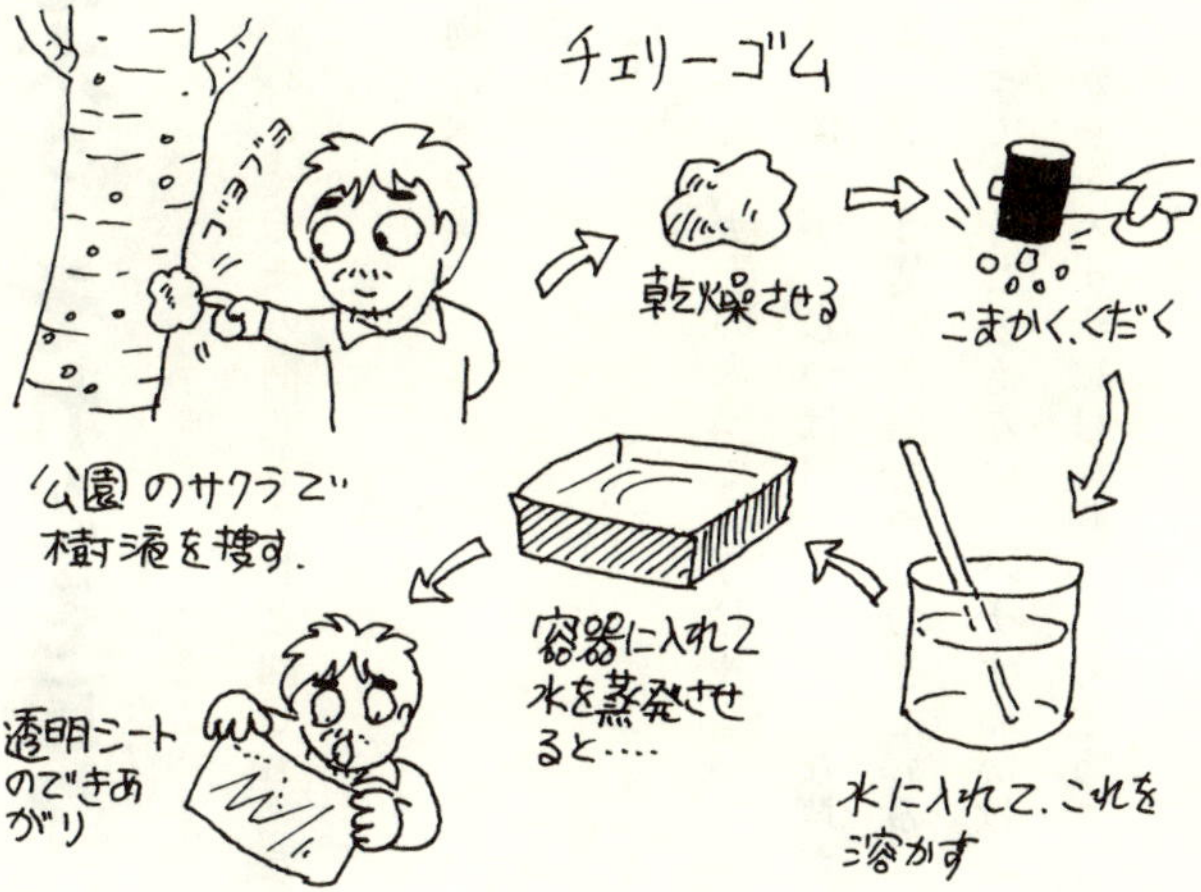
チェリーゴム
ゴヨゴヨ
乾燥させる
こまかく、くだく
公園のサクラで
樹液を捜す.
容器に入れて
水を蒸発させると….
水に入れて、これを溶かす
透明シートのできあがり

バナナは木？　それとも草？　【バショウ】

「野菜は草で、果物は木の実」

生徒たちはそう言う。

「じゃあ、バナナは？」

「もちろん果物。だってバナナの木っていうじゃない」

そんな答えが返ってきたが、じつはバナナは大きな草だ。バナナの幹のように見えるところは、本当は葉柄が集まってできたもの。木の幹のように堅くもないし、年々太ってゆくこともない。バナナの実はよく見るけれど植物体自体は身近にないから、バナナには「知ってるようで知らないこと」がいくつかある。

たとえば、バナナの種子。これまた生徒たちはバナナの実にある小さな点々が種子だと思っていたりする。

「種子をまくとき、小さいから取るの大変そうだよね。バナナごとまくのかな？」

アマネはそんなことを言っていた。

じつは、あの点々は種子のなりそこねである。バナナの先祖は立派に種子を持っていたけれど、これは種子が歯に当たって食べるのが大変だ。野生のバナナの中で、偶然、タネなしのものを見つけだし、それが栽培されて今のバナナになったのだ。当然、バナナを増やすのには種子ではなく、株分けを行なう。

こんなバナナに近い植物が、雑木林周辺にも生えている。それが庭先や畑の隅に植えられているバショウだ。バショウの全形は食用のバナナそっくりである。夏に苞《ほう》に包まれた花を咲かせるが、これもバナナの花とよく似ている。じゃあやっぱりバナナそっくりの実はなるの？　これはあまり気にしていなかった。そこで見て歩く。ごく小ぶりのバナナそっくりの実がなっていた。

「バナナの皮の味がする」

さっそく味見をした生徒は、顔をしかめてそう言った。不思議なのは、バショウの実にも種子が入っていなかったこと。食用のバナナはともかく、観賞用のバショウの実に、なぜ種子が入っていないのだろう。

調べてみてナルホド。バショウは開花時に、違う株の花から花粉をもらわないと種子ができないと書いてある。庭先のバショウは、たいていひと株ぐらいだから種子のできない実をつけるのだ。そしてそんな実は大きくもならない。食用のバナナの変わってる点は、種子をつけないことだけでなく、種子をつけなくても実が大きくなることにもあったのだ。そしてバナナは東南アジア、庭先の「バナナモドキ」バショウは中国原産の植物という。

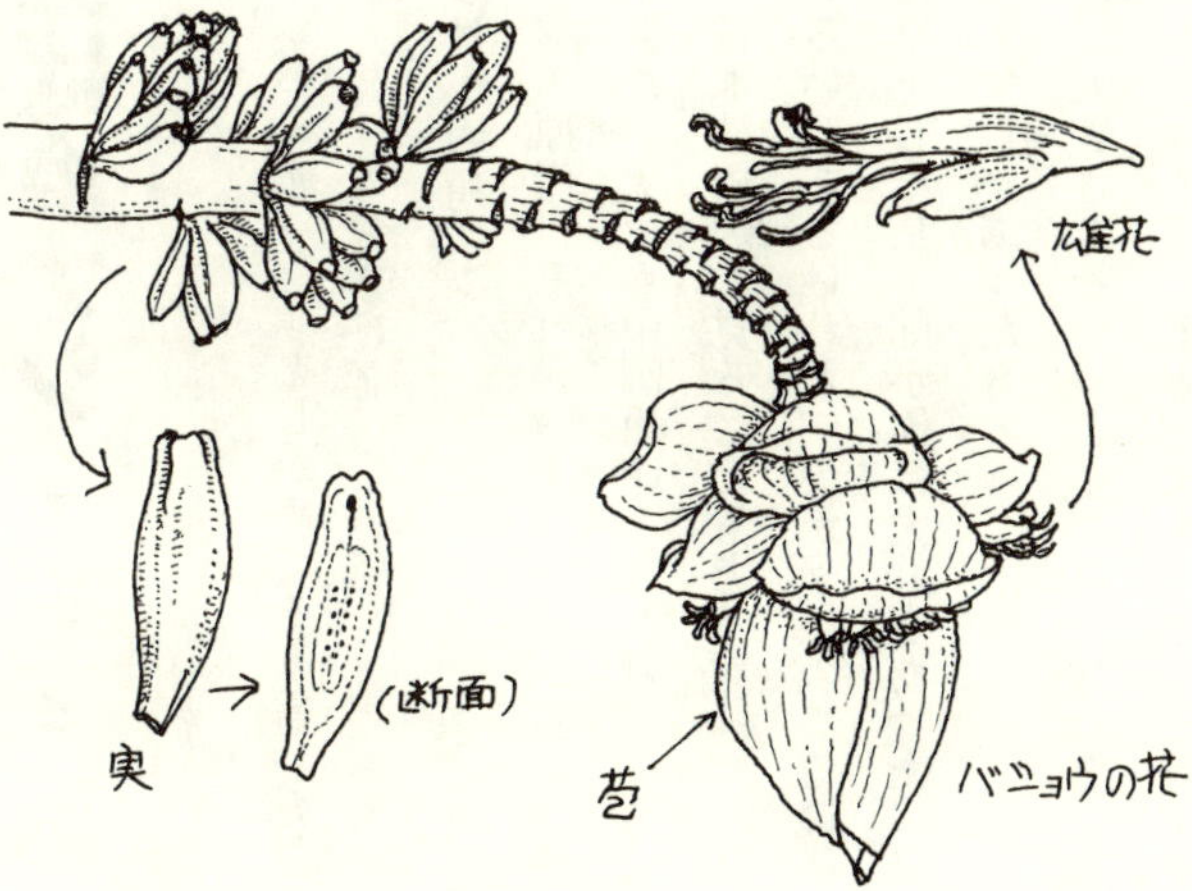
雄花
実
(断面)
苞
バショウの花

店先に並ばぬナシ

【ケンポナシ】

店先の果物たちは多国籍。

リンゴは中央アジア原産。それがヨーロッパからアメリカに渡り、明治時代に日本にやってきた。ナシも中国原産と言われている。ただし、その祖先種のヤマナシは、雑木林周辺で見ることもある。

ナシの品種もいろいろあるけれど、僕が子供のころのナシといえば長十郎だ。茶色がかった皮をした長十郎が僕は大好きだった。身を食べ終わると、堅くて酸っぱい芯までしゃぶったもの。

ヤマナシの実は、大きさこそずっと小ぶりだけれど、実の形や色はその長十郎そっくり。でも拾ってかじると、えらく堅く渋味もあって、放り出してしまうようなシロモノだ。

こんなヤマナシ、雑木林の緑や山すその畑のわきなど、どこか人くさいところでその姿を見る。つまりもともと日本原産の木ではなく、持ち込まれた後で、人家近くに野生化したと考えられるのだ。そして、この持ち込まれたヤマナシが品種改良され、後に長十郎などの品種を産み出した。

もっとも、東北地方にはイワテヤマナシというレッキとした自生種があるという。その実にはいいニオイがあるそうだ。一度これは食べてみたい。

学校近くの雑木林には、さらに別の「ナシ」の木が生えている。それが川沿いに見られるケンポナシだ。ただ、バラ科のナシと違って、こちらはクロウメモドキ科という、あまりなじみのないグループの一員である。

ケンポナシが変わっているのは、食べるのが実ではなくて実のついている柄だということ。ナシやリンゴではただの堅い棒のようなものだけど、ケンポナシではこの部分が多汁質で甘みがある。

「ナシとクルミを合わせたような味」

「干し柿みたい」

味の評価はこんな感じ。そして柄が多汁質な代わりに、実のほうにはまるで汁気がなくて食べられない。皮1枚の小さな実は3つに分かれ、その中にひとつずつ種子が入っている。こう書くとケンポナシはずいぶんと変な実をつけるように思う。

ところがナシも食べるところは本当の実ではないのだ。植物学的に言うと果実は雌しべのつけ根の子房《しぼう》が変化したもの。ところがナシの食用部は、子房を囲む花床《かしょう》と呼ばれる部分が変化したもの。本当の果実は、酸っぱくて堅く、捨てられてしまうあの芯の部分なのである。

江戸時代日本にやってきたシーボルトは、ケンポナシの果柄《かへい》は酒酔いの予防薬として評判がいいとも書き残す。店先には並ばない、こんな「ナシ」を探してみてはいかがだろう。

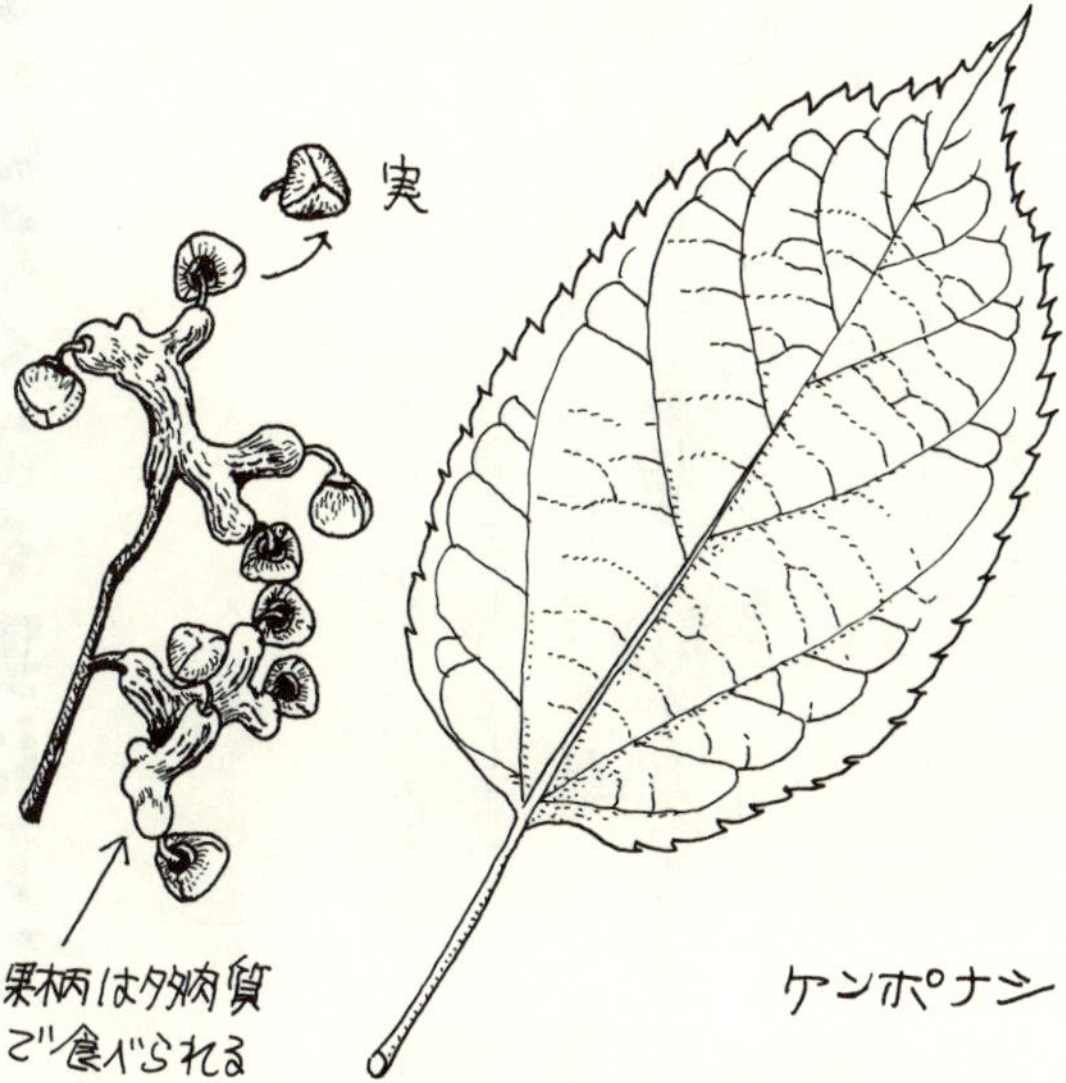

ケンポナシ

ヤマナシ

花はなくても実は育つ

【イチジク】

沖縄の大学生たちに、「ガジュマルの花ってどんなのか知ってる？」と聞いたら、みな一様に首をかしげてしまった。

埼玉の雑木林の木々に当たる身近な木が、沖縄ではガジュマルだろう。公園や校庭にもその姿は多い。枝から気根を垂らす独特な姿はおなじみのもの。直径1㎝ぐらいの実をつけることも知っている。でも花となると、「さて？」というわけだった。

ガジュマルはクワ科のイチジクの仲間だ。そしてこのイチジク、漢字で書くと無花果となる。ガジュマルだけでなく、イチジクも一見、その花がどこに咲くのかわからない木だ。

春、新芽を伸ばすころのイチジクの枝先を見ると、そこに小さなふくらみがついている。時を追って観察すると、そのふくらみが徐々に大きくなり、やがて紫に熟した実になってしまう。花はどこにも見当たらない。

では、枝先についたふくらみを取って、ふたつに切って見ることにしよう。するとふくらみは袋状になっていて、その袋の内側にたくさんの粒状のものがびっしりついているのが見てとれる。じつはイチジクは、この袋の中に花を咲かせる。ひとつひとつの小さな粒が花なのだ。

普通、花は花びらをつけ虫を誘う。それなのに、こんな袋の中に花を咲かせてどうするの？

イチジクの仲間は、花粉を運んでもらう専門のハチを、自ら飼っている木たちなのだ。それもガジュマルならガジュマルコバチ、イチジクならイチジクコバチと種類が決まっている。イチジクの場合なら、雄株と雌株がある。このうち雄株がハチを飼う。

花を閉じ込めた袋は花のう《か》と呼ばれる。雄株の花のうに寄生して、コバチの幼虫は生育する。そして羽化したコバチが花のうから脱出するとき、花粉を運ぶ。コバチは再び産卵のために、若い花のうに忍び込む。そしてこのとき、たまたま雌株の花のうに忍び込むとコバチは産卵できず、その代わり受粉が行なわれて種子が作られる。

「えっ？　じゃあ、イチジクの実の中って、虫が入ってたりするの？」

この話をしたら、ある生徒は手にしたイチジクに目をやって食べるのをためらった。

大丈夫。イチジクはアラビア半島原産で、中国を経由して日本に渡ってきた。そしてその途中で、コバチによって花粉が運ばれなくても実が大きくなる品種ができたのだ。日本のイチジクはみな、雌株。そして虫もいない代わりに、種子をまいても芽が出ないものばかりとなっている。

イチジクの花

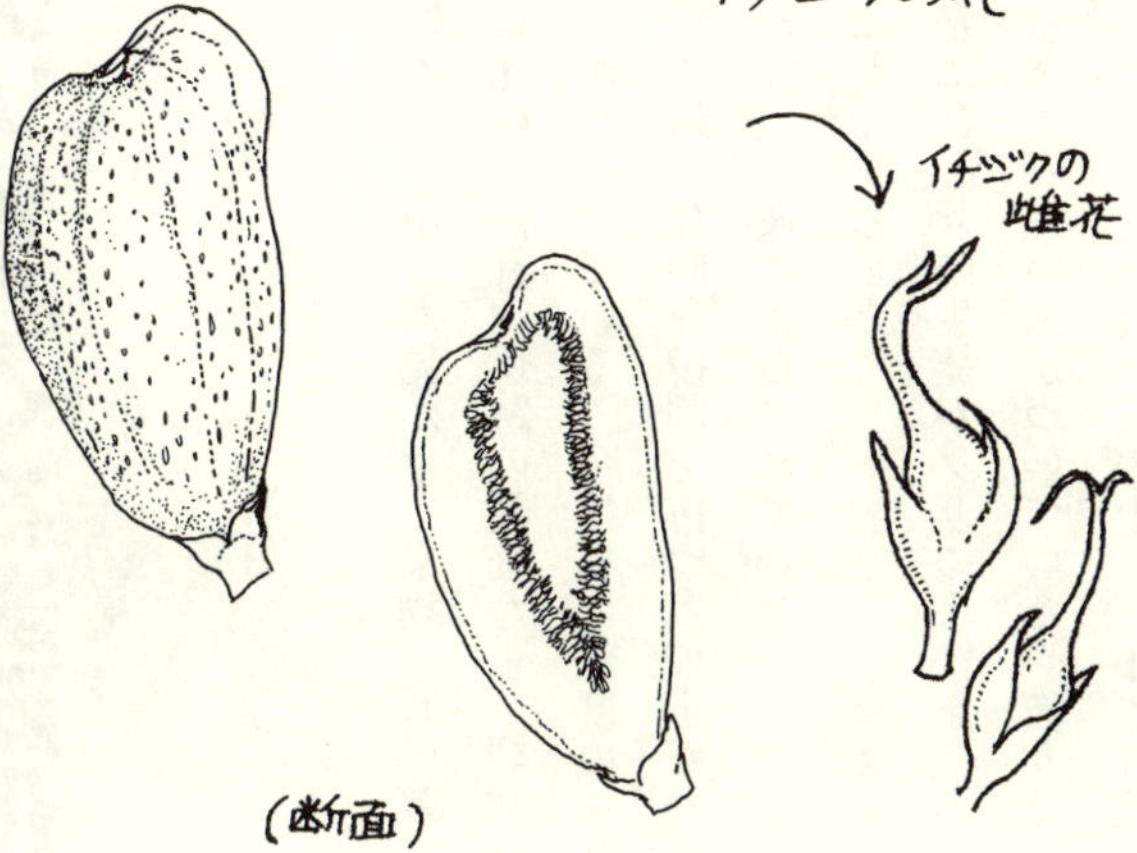

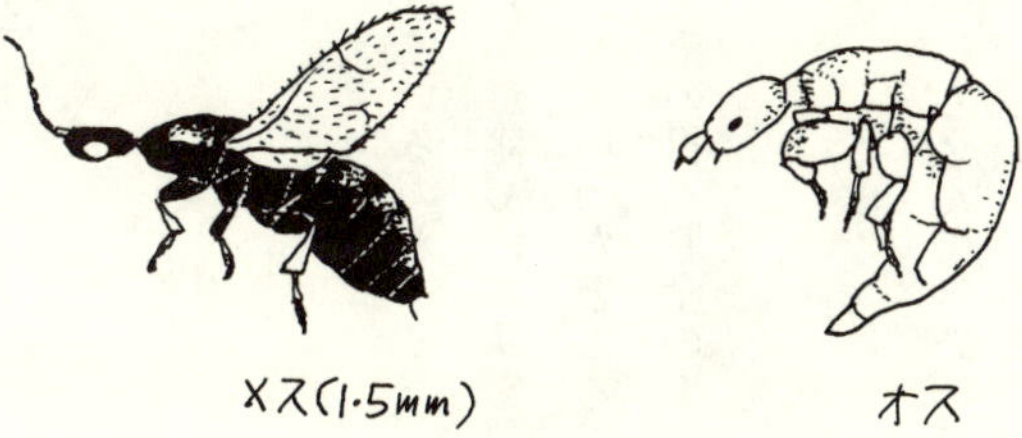

イチジクの仲間の花粉を運ぶコバチ類
(図はイヌビワコバチ)

クリをめぐる国際化

【クリ】

雑木林の中でも見かけ、果物として栽培もされているのがクリだ。東北の三内丸山遺跡の調査から、縄文時代の人々が盛んにクリを利用したことがわかっている。今は年に数度のクリごはん、といったところだけれど、かつては主食的な役割を持つ木の実だったのだ。その日本原産の果物、クリも国際化の波にさらされている。

「これは実なの？」

春にひとりの生徒がクリの小枝を僕のところへ持ち込んできた。枝にはところどころ丸い玉がついている。彼女はこれを実だと思ったのだけれど、実にしては変だ。丸い玉の上に、小さな葉がついていたりするから。これはクリの新芽に作られた、クリタマバチの虫コブである。

クリタマバチが日本で最初に見つかったのが岡山県だ。１９４１年に虫コブが初記録された。そしてあれよあれよと、クリタマバチは日本各地へ広がった。最初に見つかった岡山県では、一時、クリの新芽のほとんどすべてが虫コブ化し、そのため実がならなくなったり、木そのものが枯れてしまう被害まで発生する騒ぎとなった。

クリタマバチはどこからどのようにして来たのか？　なにせ小さい虫であることもあって、確実なことは言えない。おそらく、中国から戦後復員した軍人とともに、クリタマバチに寄生された苗木が持ち込まれたのだろうと言われている。このハチによる被害を食い止めるため、中国からチュウゴクオナガコバチという天敵が、１９７５年に導入されることとなった。さらにクリタマバチに対する抵抗性のあるクリの品種も生み出され、ようやく被害は下火となった。それにしても、もしクリの木がみんな姿を消したら大変なことだ。

幸いクリは健在だ。しかし、クリの周りの生き物に、姿を消しつつあるものがいる。

木の実を食べるミノムシは何種類もいる。いちばん大きくなるミノムシはオオミノガの幼虫だ。この虫は家の近所のクリにも普通にいる。ところが、このオオミノガが危機にある。

オオミノガの幼虫に寄生するヤドリバエが発見されたのは、1995年福岡でのこと。この年、福岡ではすでに寄生率は90%にも上ったという。以降、九州、関西とヤドリバエは分布を拡げ、オオミノガは姿を消していった。このハエは東南アジア原産で、中国が防除のために導入したものが日本に渡ってきたらしい。

枝にぶら下るオオミノガの幼虫のミノ。それはあたりまえの光景だったのに……。

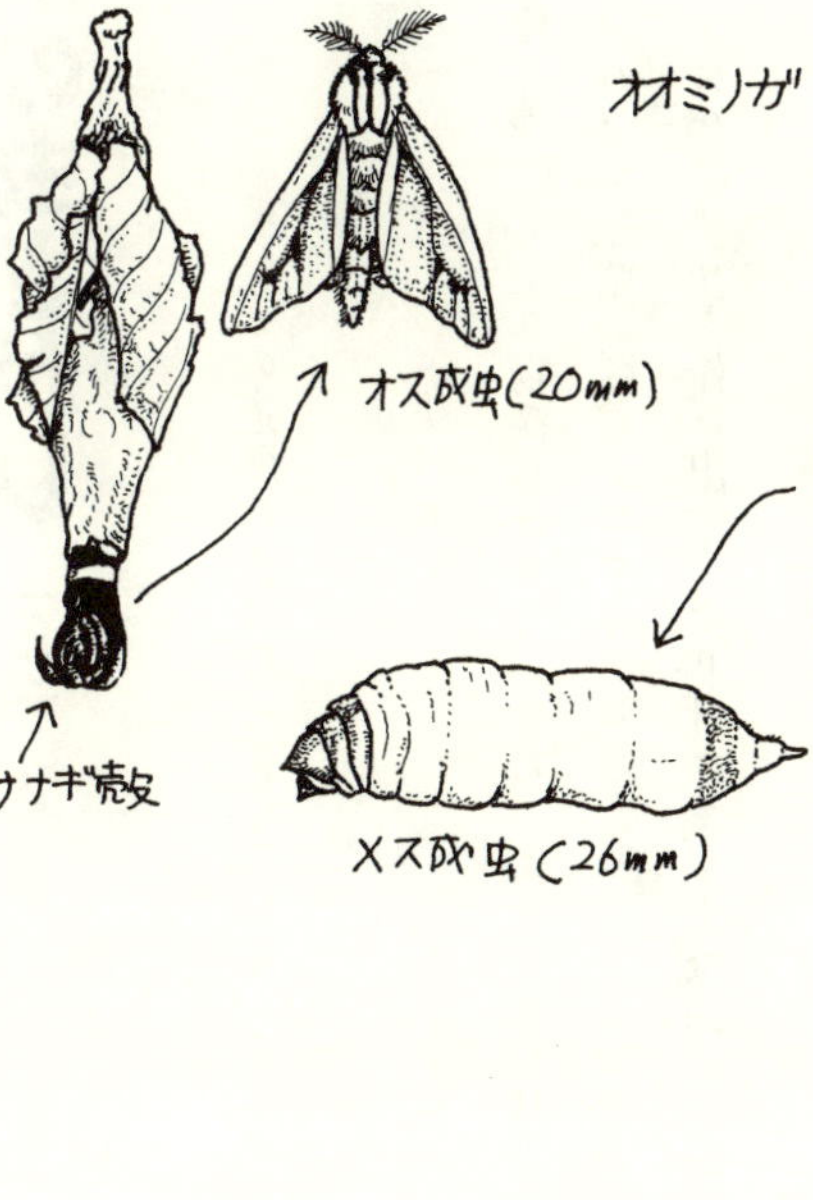
オオミノガ
オス成虫(20mm)
サナギ殻
メス成虫(26mm)
メスの成虫は、サナギ殻
の中にひそんでいる。

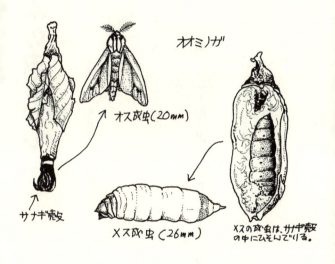

クリの木の虫さがし 【クリ】

「スケルトンだねえ」

高校生たちと学校の周辺で生き物探しをしていたら、クリの木の枝にくっついていたクスサンのマユを見つけ、フユタカがそう言った。ヤママユガ科のクスサンは、スケスケのマユを作り出す。クリはさまざまな虫たちが集う木だ。

「もっとほかに何かいないかな?」クリの木を眺めてゆく。すると真っ黒な小さな虫が、小枝に群れているのが目にとまる。クリオオアブラムシの集団産卵だ。

11月下旬、体長4㎜ほどもある大型のクリオオアブラムシは、クリの幹や枝に集団で産卵をする。このとき捕まえた1匹の体内には8個の卵が入っていた。卵も長さ2㎜弱で、なかなか大きい。そして色はこれまた真っ黒だ。びっしりと産みつけられた卵は、少し離れてもすぐそれとわかるほどである。

冬本番、クリオオアブラムシは死に絶え、ただ卵だけが春を待つ。ところがである。よく見てゆくと、卵に混じって、クリオオアブラムシの成虫がところどころについているのが目にとまる。ただしこれはみな死んだもの。それにしても、クリオオアブラムシの体は軟らかいはず。指で軽くつまんだだけで、簡単につぶれてしまうような虫だ。そこでピンセットでつついてみた。中から出てきたのは、黄色の前蛹《ぜんよう》だった。前蛹とは幼虫とさなぎの中間期のこと。冬も姿が残るクリオオアブラムシは、寄生されたものだった。

アブラムシは表皮だけが残って中身はカラッポ。ミイラみたいなものだ。このミイラの作り手が、体長2・5㎜のアブラバチである。

春、再びクリの木を訪れる。卵から孵化したクリオオアブラムシが、真っ黒く枝にたかっている。と、小さなハチがアブラムシに馬乗りになった。アブラバチの産卵だ。アブラムシはハチが近づくと、足や体を震わせ、イヤイヤをする。ささやかな抵抗である。ところがアブラバチはそれにお構いなし。次々にアブラムシの背中を渡り歩いて、かっこうの相手を探している。一度卵を産みつけたやつの見分けがつくのだろうか？　と疑問に思ったが、どうやら関係なしに産むらしい。ただし体内で育つのは1匹だけだ。

さらに見ていたら、アブラムシが激しくイヤイヤを始めた。ヒラタアブが飛んできたのだ。この虫の幼虫はアブラムシを捕食する。そのペースは1時間に10匹にも上るという。アブラムシの抵抗ぐあいから見るならば、彼らはミイラ職人よりもヒラタアブの方が嫌らしい。

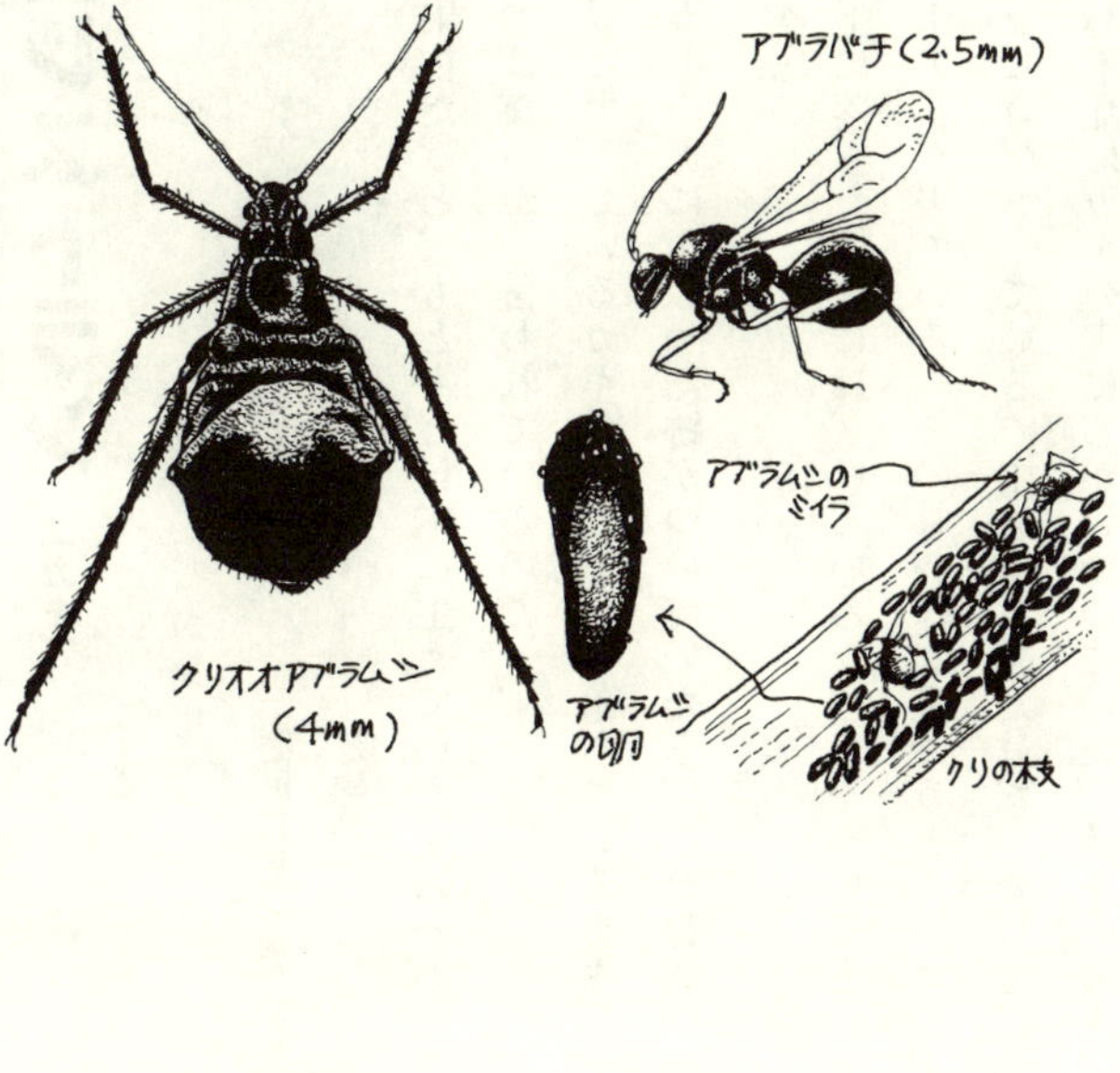
アブラバチ(2.5mm)
アブラムシの
ミイラ
クリオオアブラムシ
(4mm)
アブラムシ
の卵
クリの木

カキの実レストラン 【カキ】

カキは日本的な果物だけど、もともと日本に生えていたかはわからない。これまた中国原産ではないかと言われているのだ。

近所の雑木林の縁に生えているカキの木の下で、落ちているカキの実を見て歩く。まだ青いカキの実にかじった跡がついていたら、これはムササビの食べ痕だ。

赤くなって木の下に落ちたカキには、いろいろな虫もやってくる。落ちたカキの実には、まずアリが来ている。その甘い汁を吸おうと、ハエやアシナガバチや、キマダラヒカゲも来ている。中には1頭だけだったけど、小さなスジクワガタも一心不乱にカキの実にしがみついていた。落ちたカキはやがて腐る。カビの生えたカキの実の表面をナメクジがなめ取ってゆく。そしてまた、そのナメクジをマイマイカブリの幼虫が捕食している。カキの実を舞台とした、小さなドラマがそこで繰り広げられる。

そんなカキの実ウォッチングをしていたら、落ちたカキの実のすぐわきの地面に、ぽっかりと穴が開いているのに気がついた。穴の周囲には、かき出された土が積み上がっている。

こんな穴を掘るものとして真っ先に思い浮かぶのはセンチコガネだ。センチコガネは動物のフンが大好きで、イヌが落とし物をすると、さっさとやってきて穴にフンを引き入れ、食べたり、幼虫の餌とする。林の中のタヌキのタメフン場も、センチコガネの穴だらけだ。センチコガネはフンが好きだけど、腐ったキノコや動物の死体に来るのを見たことがある。でもカキの実に来るなんていうのを見たのは初めてだ。本当にそうかな?

しばらくうろついたら、ちょうどカキの実に飛んできたセンチコガネを発見。

カキの実の下に潜り込んだセンチコガネは、やがて地面を掘り始めた。1時間後、まだ緑色の残るそのカキの実をひっくり返してみたら、センチコガネがかじったらしく、皮と実がちょっとえぐれていた。そして3時間半後に再び見てみると、縦横15×10㎜、深さ10㎜ほどのえぐり跡が認められた。やっぱりセンチコガネはカキの実を食べている。

この虫にとっては、カキもウンコも同じもの？　腐ったキノコ、タヌキの死体、カブトムシの幼虫の死体。センチコガネが集まってきたものは、探してみるとほかにもあった。

こうしてみると、動物質、植物質にかかわらず、腐ったもの全般を利用する習性があるようだ。カキも腐ってしまえば、センチコガネの領分なのだ。

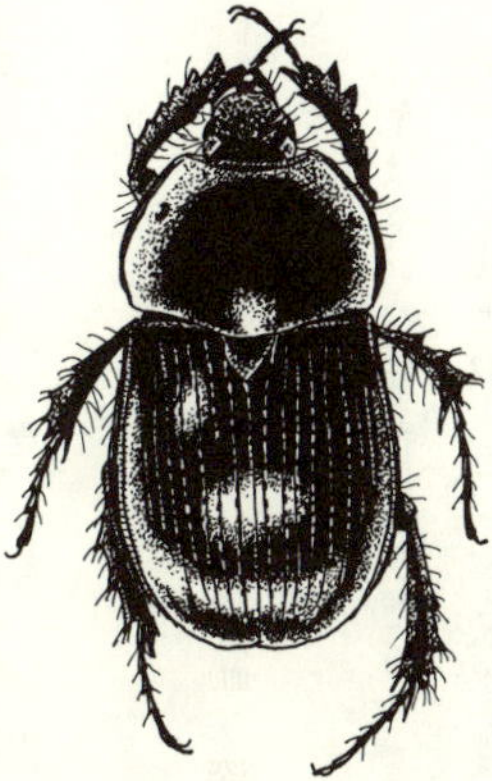

センチコガネ（17mm）

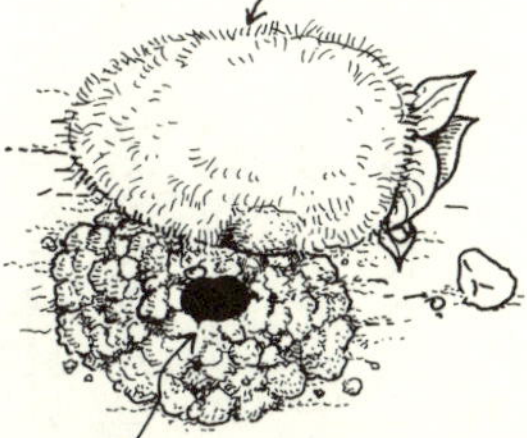

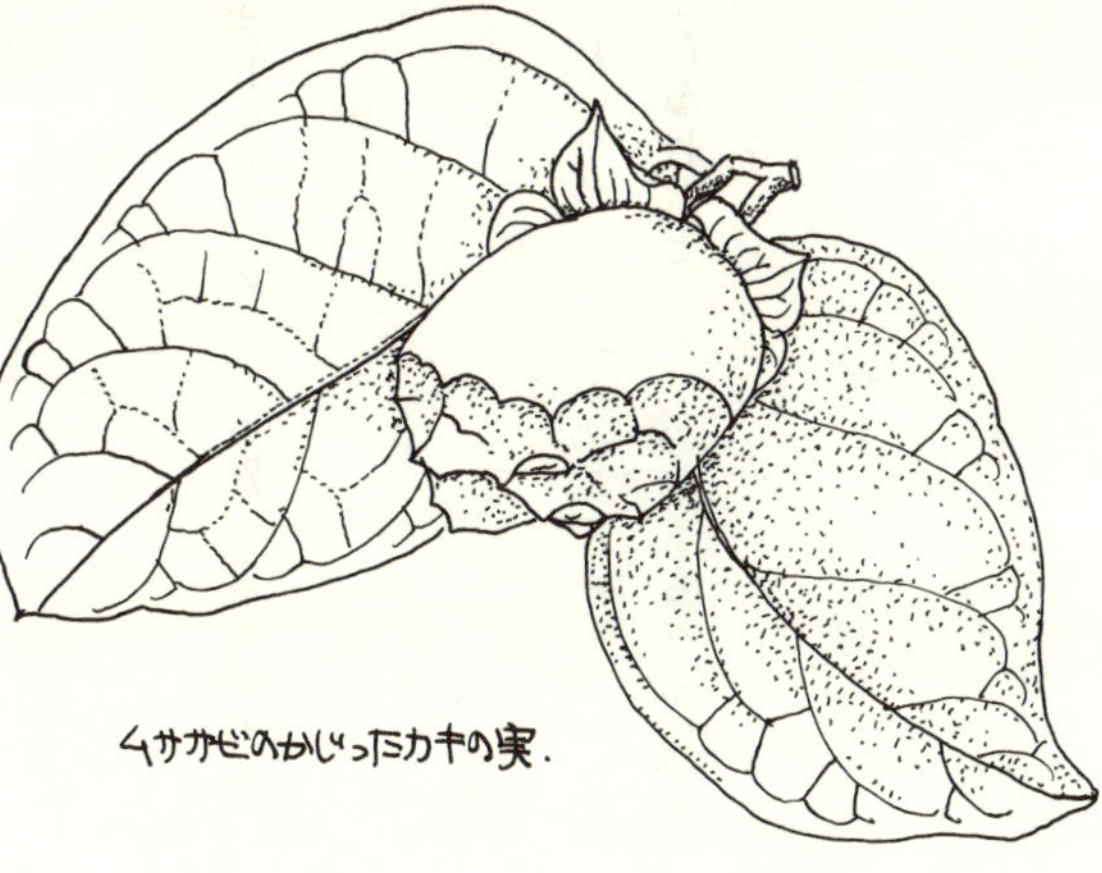

ムサカビのかじったカキの実.

アライグマはカキ嫌い

【カキ】

「カキはパンの耳より好きだねぇ」

アナグマ博士のナカジマさんが僕に言う。

ナカジマさんは、裏庭に来る動物たちのために、パンの耳をまいている。アナグマはミミズを好むと本に書いてあるけれど、パンの耳も食べるし、カキの実も大好物だそうだ。

「カキの実はタヌキとかも好きだしね。ムササビも大好きみたいだね。アナグマはこの場で食べないで、くわえて運んでゆくよ」

雑木林周辺にカキの木は多い。そのほとんどは渋ガキだ。渋ガキは干しガキに利用されていた。「木マブリ」という言葉が伝わっている。「木守り」、つまりいくつかの実は人が採らずに木に残しておく風習のこと。しかしいまや「木守り」どころか、まったく利用されず、ただ実が落ちるに任せられていることが多い。

かつては人々にとっての、そしていまや動物たちにとっての人気メニューのカキの実だけど、ナカジマさん家《ち》に来る動物で、ただ一種だけこのカキの実を好まない動物がいるという。それはアライグマだ。

アメリカ原産のアライグマは、ペットとして日本に持ち込まれた。アライグマの幼獣はかわいらしいが、成獣になると力が強くなって人の手に負えなくなる。かくして放獣されたアライグマの野生化が、日本各地で問題になっている。東京都、青梅市の山際にあるナカジマさん家に、アライグマが姿を現しだしたのは1997年のことだ。

「裏庭にアライグマ来てるよ」

その知らせを受けて飛んでいった。アライグマの野生化には問題があるのを知りながら、動物園で眠っているアライグマしか見たことがなかった僕は、動いている姿が見たかったのだ。

裏庭にやってきたアライグマは、まかれたパンの耳をくわえた。そして庭に置いてあるタライの水で、名にたがわず洗って食べだした。なにもパンの耳まで洗わなくてもとは思うけど。

そんなアライグマ、庭の渋ガキを2くち、3くちとかんだが、カケラを吐き出したかと思うと、水を飲んだんだよとナカジマさんは教えてくれる。

「アライグマは国のほうで食べ慣れていないのかねぇ……」

ナカジマさんのこのひとことには笑ってしまった。でも、野生化したアライグマはそのうち渋に慣れるのだろうか？

渋ガキから採れる渋は、染料や塗料として農村では重要な産物だった。マメガキという渋採り専門のカキさえも植えたほど。ところがいまや僕たちこそ「渋」と縁が遠くなっているんじゃないかと思わされる。

アライグマ

タメフン場のカキのタネ

【カキ】

「夢は自分で図鑑を作ること」

高校生のケンイチが弾んだ声でそう言うのでハッとする。そうだった。僕も小さなころは同じ夢を見ていた。負けちゃおれんなとお尻をたたかれた思いがする。

ケンイチは哺乳《ほにゅう》類の図鑑を作りたいんだと言う。そして「タヌキの行動を調べたいんだけど、どうしたらいい？」なんて相談してくる。

「タメフン場は見つけたことある？」

そう聞き返す。動物の行動を調べるには、よくテレメトリー（電波発信機）が使われる。しかし動物を捕獲し、そこに発信機をつけるなんてことは、個人では無理だ。そこでもっと地道な方法を考えてみる。タヌキの場合、決まったトイレを使う習性が利用できそう。僕がかつてやったのは、色つきの薄いプラ板にパンチャーで穴を開け、その打ち出された丸いプラ片をソーセージに埋め込んでまく、という方法だ。場所や日時によってプラ板の色を替える。そしてプラ片を埋め込んだソーセージをタヌキが来そうなところにまいておき、数日後にタメフン場でプラ片を探すというやり方である。もちろんこれには、事前に林の中からタメフン場を見つけ出しておく必要がある。

「プラ片なんて混ぜて大丈夫？」

「タメフン場へ行ったら、もっと大きなカキの種子がウンコに混じって出てるじゃない」

そんなやりとりをしながら、生徒たちと試してみた。

エサのまき方も、タメフン場のチェックもまだまだ甘かった。それでも、地図の上に、タメフン場とソーセージを置いた場所を結ぶ何本かの線が描き出せた。いちばん距離の離れた2点では、直線距離で500m以上離れていたりした。

じつは、試そうと思ってアイデア倒れでとどまっているもうひとつの方法がある。これはプラ片作戦の自然版だ。

秋、タヌキのタメフンに最もよく出現するのがカキの種子だ。人家近くのカキの実は、タヌキの重要な食料源。そして見てゆくと、カキの種子は木によってずいぶん個性があるのに気づく。いわゆるカキの種子の標準形をしたものから、とても細長い形のもの、全体に丸っこい形をしたもの等々。このカキの種子の形の違いを利用して、彼らの活動範囲を特定できないかな？なんて思ったのだ。それにはまず、近辺のカキの木の下で、種子を拾い集めてマップを作って……。そこまで考えてはみたものの、つい手を出しかねて今まで至っている。だれか試してみませんか？

タヌキ
タヌキには、
タメフンをする習性
がある.

舶来の宝石バチ

【カキ】

小さなころ、僕はハチが大好きだった。ファーブルのようにその習性観察に夢中になったのではなくて、その形がカッコイイとひたすらほれ込んでいたのである。捕虫網を持っていなかった僕は、上からビンをかぶせて捕まえたり、素手で捕まえたり（当然しこたま刺された）とけっこうムチャもした。そしてその中でいちばん好きだったのがセイボウの仲間だ。

セイボウは青蜻と書く。名のとおり、青や緑の金属光沢に輝くハチだ。僕はその習性を知らなかったから、偶然出会うセイボウにただひたすらあこがれ、その姿は宝石に等しく見えた。

このセイボウ、寄生生活を送るハチである。ミドリセイボウなら、ルリジガバチ。オオセイボウならスズバチに寄生する。そして大人になってから、こうした習性を知ったおかげで、子供のころの「宝石」に出会いやすくなった。

セイボウの中で、いちばんその生態を観察しやすいのはイラガセイボウだろう。宿主のイラガは人家近くのいろいろな植物を食草にする。イラガの幼虫は、刺されるとかなり痛い毒毛虫だ。そして冬にはそれらの木の枝に、白に黒い斑入りの卵形の硬いマユを張りつける。ある年の例だと、都合20個見つけたマユのうち、カキについていたのが9個、続いてがウメの5個だった。イラガのマユを探すなら、カキがオススメ。

見つけたマユのうち、上部にぽっかり穴が開いているのは、イラガが羽化した跡で昨年度のマユだ。イラガのマユはカッターの刃が立たないほど硬いものの、マユのてっぺんぐるりには、切れ目が入っていて、ここからフタを開けるように成虫が羽化するのだ。一方マユのわき腹に小穴が開いていたら、これはイラガセイボウの脱出跡である（やはり昨年度のもの）。セイボウは力任せに硬いマユをかみ破って出てくるのだ。

こうして見つけたイラガのマユを取っておくと、春になってイラガか、セイボウのどちらかが羽化してくる。僕が試したところ、10個中4個から青いハチが生まれてきた。

こうして、セイボウの中では見つけやすいイラガセイボウなのだけど、日本での初めての記録は1914年のことなのだという。最初の発見地は九州。そして46年になって、大阪で見つかるようになったと、ハチの研究者、岩田久二雄さんの本にある。

僕が小さいころ見かけたセイボウが、はたして何という種類だったか今ではわからない。それはすでにこの舶来の宝石バチだったのだろうか？

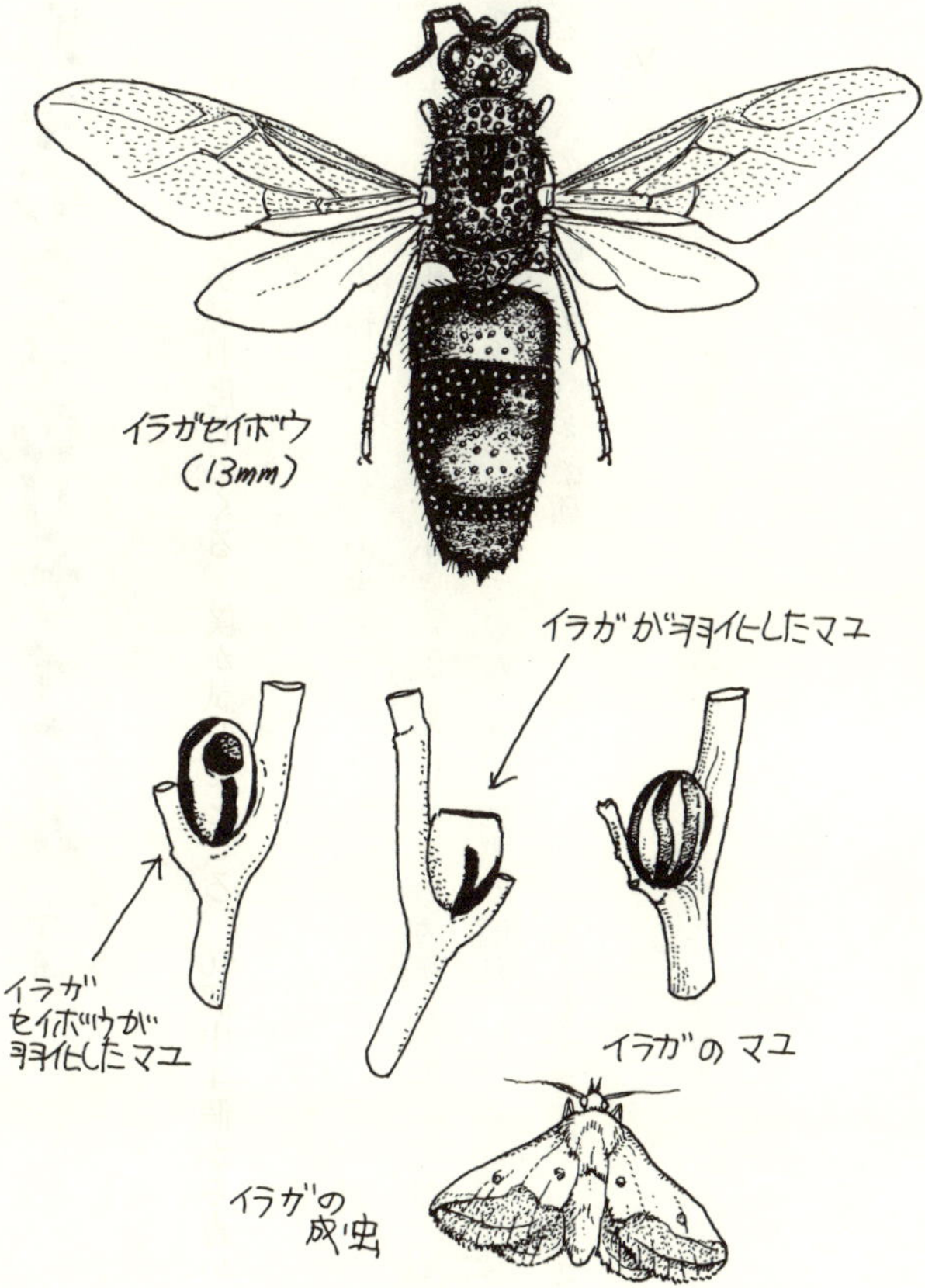
イラガセイボウ
(13mm)
イラガが羽化したマユ
イラガ
セイボウが
羽化したマユ
イラガのマユ
イラガの
成虫

カキのタネのリサイクル

【カキ】

9月6日。雑木林の縁のカキの木の下へ。

秋と言うにはまだ早いのに、小さな渋い実をつけるカキの木の下には、もういくつものカキの実が落っこっていた。すでに実が崩れ、種子が地面に転がっているものもある。その種子に目をやると、妙な突起が突き出ているのに気がついた。

シカのツノのように柄分かれした、黄色の肉質の突起。それを見た瞬間に理解した。カキノミタケ。前々から見たいと思っていた、カキの種子に生えるという変なキノコだ。

そんなキノコがあるというのを本で知って以来、それとなく気にしてはいたが、それまで見たことがまるでなかった。ところが目の前にはそのカキノミタケがいっぱい生えている。初めて見られてうれしいものの、こうもたくさんあると、単に今まで自分は不注意で見つけられなかっただけなんだろうか？　という気もしてくる。

家に帰って図鑑を開いてみた。開いたページには「南日本以南に見られ、亜熱帯性のキノコ」とあった。でも埼玉って南日本？

そもそも僕がこのキノコを知るキッカケとなった、小林義雄著『菌類の世界』（講談社ブルーバックス）をひもといてみる。これによると、カキノミタケは1883年、ジャワの植物園で初めて発見された、とあった。確かに南方系のキノコだ。

カキの下で見つかったカキノミタケは、10月5日ごろまでその発生を見たが、秋が本格的になるにつれ姿を消した。翌年も数は減ったものの、同じく9月いっぱいその発生が見られた。3年目もまたまた同じ木の下で見つかる。埼玉は南日本ではないけれど、9月中ならカキノミタケは成長できる。たまたまこのカキの木が、ほかの木より早く実を落とす木なので、その木の下でばかりこのキノコが見つかるらしい。

ところで、カキの実を包丁で切ったことがあったら、種子の断面を見たこともあるだろう。カキの種子の中身は半透明で堅い。この種子の中身の成分がマンナンだ。カキは、芽生えのための養分をデンプンではなく、マンナンで蓄えている。そしてマンナンといえばコンニャクの成分として有名だ。人間などの動物は、このマンナンを消化できない。ダイエット食品として取りざたされるゆえんでもある。でも、動物たちが消化できないマンナンも、だれかが分解しなければ土へと還《かえ》らない。カキノミタケは、そんな自然のサイクルの一端を担うキノコなのだ。ではカキの木の下にコンニャクで作ったゼリーを置いておいたらどうなるだろう？　これはまだ試せていない。

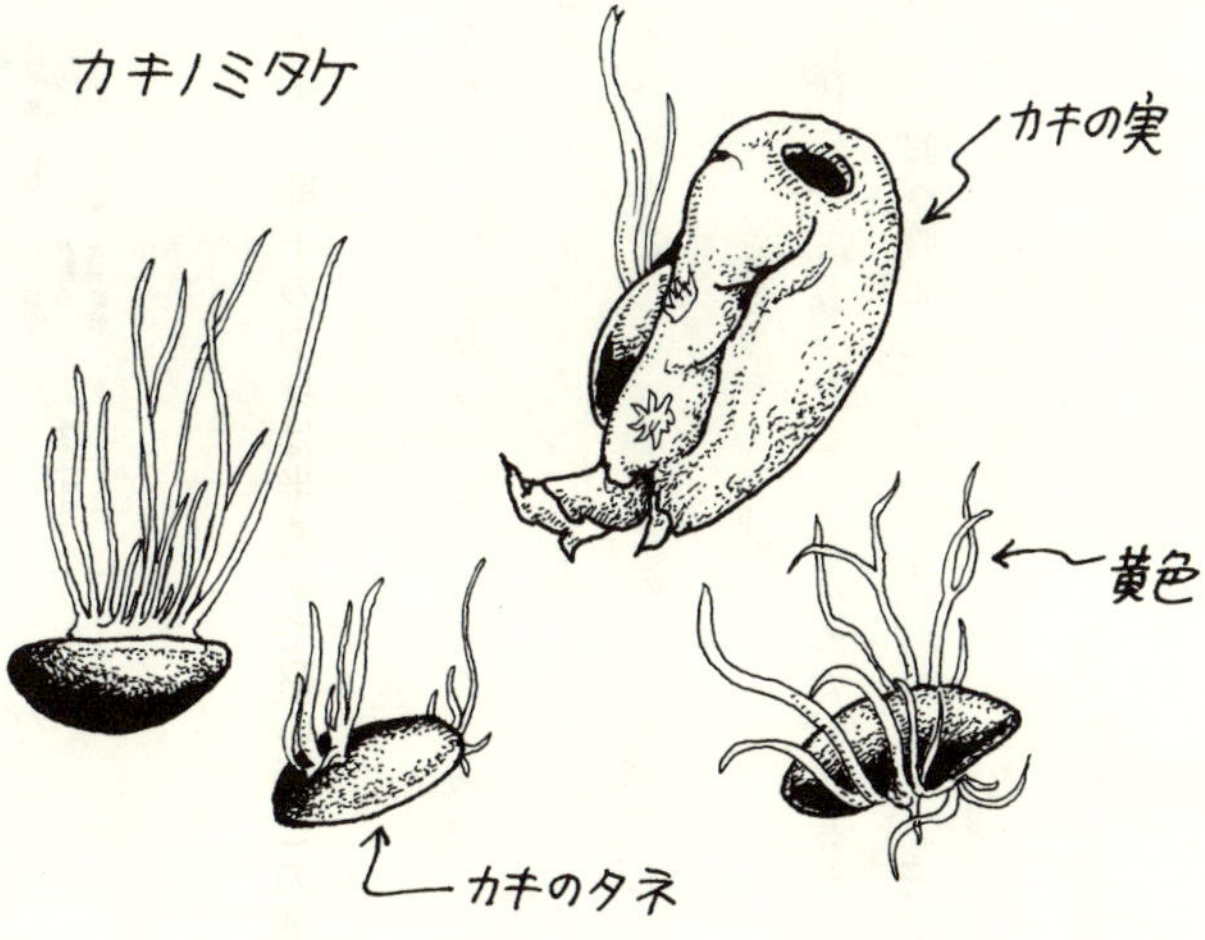
カキノミタケ
カキの実
黄色
カキのタネ

ポポーの思い出

【ポポー】

「ポッポーとかいう木の実知ってる？　実家に木があってね。父の思い出として種子を庭にまいたら、大きくなって去年から実をつけだしたの」

家庭科の先生のシバサキさんに、アケビのような形をした果実を手渡された。

懐かしい。子供時代に一度食べたことがあるだけの果物だったから。

僕の父親は、珍しい食べ物に目がなかった。ある日、その父親が見たことのない果物を持ち帰ってきた。果肉は黄色でちょっとカキに似ている。でもカキにはないニオイとクセがあって、子供心に、もう一度食べたい果物には思えなかった。

それがポポーだ。ポポーはアメリカ原産の、バンレイシ科の果物である。バンレイシ科の果物には、ほかに釈迦頭《しゃかとう》とも呼ばれるバンレイシや、チェリモヤがある。バンレイシやチェリモヤは熱帯や亜熱帯の果物だが、ポポーは落葉性で、温帯の日本でも充分育つ。しかしそれがあまり広まらないのは、独特のクセのある味のためだろう。

「ポポーって知ってる?」

また思わぬところで同じ質問にあった。

卒業生のタカシの家に遊びに行ったときのこと。教員になって、じつは生徒たちに教えることよりも、彼らから教わることが多いことを知った。そして、タカシは僕にとってひそかに「心の師」とも呼ぶべき存在だ。

「引っ越したんだ。遊びにおいでよ」

タカシのその言葉に誘われ、彼の家をめざす。それが思っていた以上の山奥だった。「こんなところに人家があるの?」と不安になるほど山に分け入ってゆく。すると坂道のわきの斜面に、古い農家が固まって建っていた。

そのうちの1軒が彼の借りた家だ。

風呂もトイレも別。台所にはイロリがある。そこに家族3人で彼は暮らし始めた。

「毎日が楽しいよ」

イロリに薪をくべながら、その夜、彼の話に耳を傾けた。

「自然が好き」。常々そう思ってはいるが、とうていタカシのようには暮らせない。そんなふうに彼の言動は僕に己を振り返らせる。

その山奥のタカシの家の隣家に、ポポーの木が生えているという。その取り合わせに、一瞬びっくり。いつ、どんな経路でここに入ってきたのだろう。人と自然とのつながりの歴史は長く複雑だ。思わぬことがたくさんある。

秋、ポポーの実のなるころに、またタカシの家を訪ねてみようか。

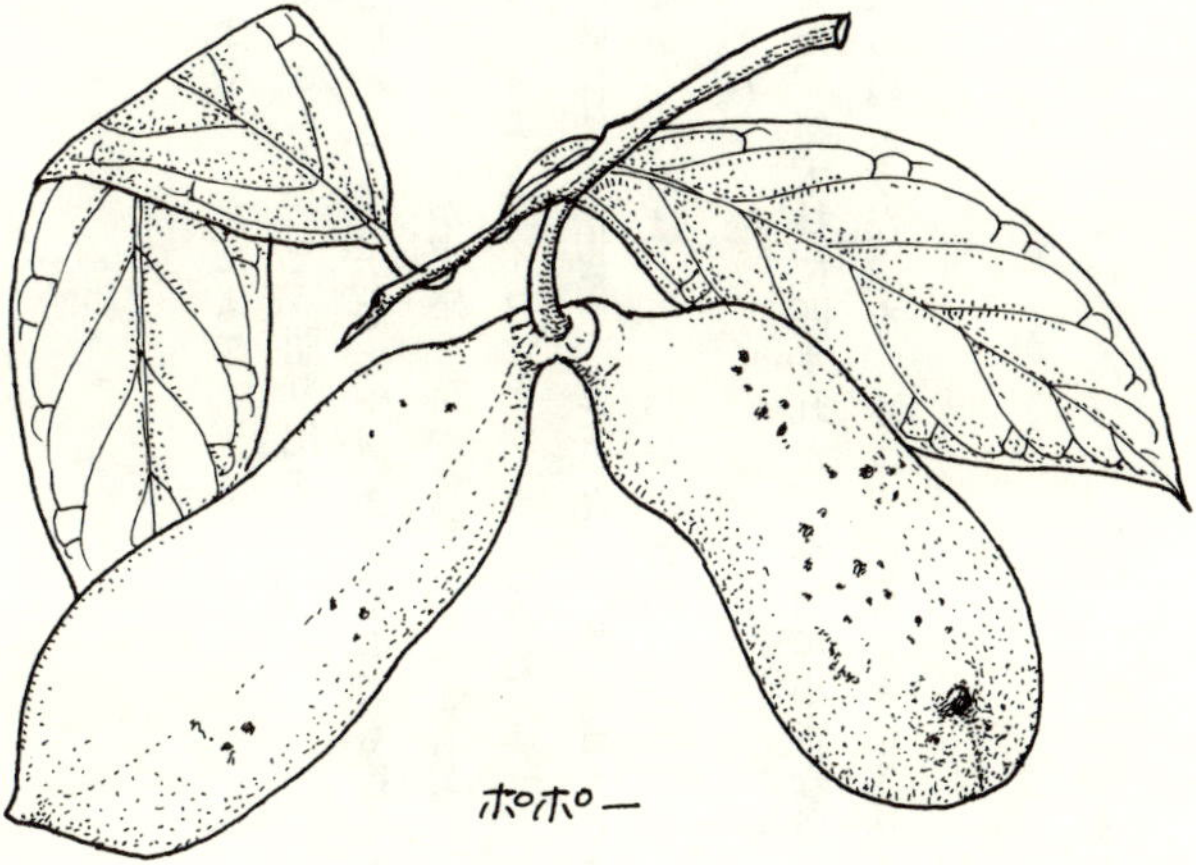
ポポー

初版あとがき

「昔はうちでも炭焼きやってただよ」

林の中で会ったおじさんが、そう語り出す。

僕が学校に勤めだしたころ、すでに炭焼きはどこでも行なわれていなかった。だからおじさんの話がなかなか実感を持って受けとめられない。

「ここらは畑だっただぁよ。ダイコンとかよくできた」

おじさんはスギの植林地を指さし、そう語る。炭焼きが行なわれ、スギの植林地がこれほど多くなかったのは、つい40年ほど前のことだそう。それは昔話にしてはあまりに近い過去だ。

このおじさんはまた、雑木林に囲まれた、本当に小さな谷戸田も耕し続けていた。トラクターの入らぬような道を、ネコ車に道具を積み込み、田へ向かう姿を見たことがある。

「こういうとこで作った米はうめぇかんな」

それが一見して不便極まりない田んぼで、おじさんが米を作り続けるわけだった。

15年の雑木林の中での教員生活に区切りをつけ、僕は今、沖縄島に住んでいる。亜熱帯の空の下、ガジュマルの木陰にたたずむと、雑木林がはるか遠い世界に思えてしまう。

ある日、久々に埼玉県飯能市の行き慣れた雑木林へ行くことにした。朝、飛行機に飛び乗れば、昼過ぎにはかつて見慣れた木々が僕を囲む。

その林の入口で、これも久々におじさんに出会った。おじさんはあの谷戸田の米作りをやめてしまっていた。それはイノシシの被害があまりにひどいからだ、と言う。数年前から、山奥から雑木林へと、イノシシが下りてくるようになったのだ。

「ホントは田んぼ作りてぇけんな」

おじさんは笑って言った。その理由が僕を驚かす。

「カエルやトンボがいなくなっちまうかんな」

おじさんはそう言ったのだ。

雑木林周辺の自然は、こうした無数の人々によって作り出され、守られてきたもの。その自然は少しずつ変わってゆく。

僕は炭焼きが行なわれていたころの雑木林を知らない。でも僕は、たとえばこのおじさんの米作りの最後の数年には行き合えた。それは本当にささやかな時間でしかなかったけれど。

今ひとときはやがてすべて過去になる。そうであるなら、雑木林でのどんな小さな出会いもかけがえのないもの。そんなふうに思えてくる。

文庫版あとがき

埼玉の雑木林を離れての南の島・沖縄での暮らしも、ふと気づけば15年を過ぎた。

本土の雑木林周辺も変化をしつづけている。ところが、沖縄に暮らし始めて気がついたのは、沖縄の里周辺の自然環境の変化は、本土の雑木林周辺の変化を上回る勢いだということだった。

かつて、沖縄の島々で暮らす人々は、自給自足に近い暮らしをしていた。そうした暮らしには耕作地だけでなく、燃料や肥料を供給する自然環境も必要だった……つまりは沖縄にも、里山が存在していた。しかし、1960年代以降の経済の変革は、こうした沖縄の里山の姿を大きく変えていってしまった。燃料や肥料を供給していた林は人手を離れた。山の斜面に切り開かれていた段々畑は放棄された。そしてともに入り込めないジャングルになってしまった。田んぼはほとんど姿を消し、代わりに一面のサトウキビ畑が広がるようになった。かつて様々な用途で使われていた里周辺に生育していた植物たちの利用も廃れてしまい、そうした植物自体、姿を消してしまったものもある。

それでも、おじい・おばあの記憶の中には、まだかつての里山の姿が残されている。だから僕は、おじい・おばあを訪ね、話を聞き、今はマボロシとなった沖縄の里山の姿を垣間見たいと思っている。

「昔、田んぼがあったころはどうでしたか?」

おじい・おばあに、そんな問いを投げかける。

「田んぼの肥料にソテツの葉を踏み込んだけど、これが素足に刺さってね。子供時代、これが嫌で、帰宅拒否になりそうだった」

例えばこんな話が語られる。ソテツは沖縄の里山では重要な位置を占める植物だ。実や幹に含まれるでんぷんは救荒食料としてだけでなく、島によっては日常的にも利用された。さらに窒素分を含む葉は緑肥としても利用されることがあった。

「昔は各家庭にシュロが植わっていたものだけどね」

例えばそんな話も教わった。シュロは本土の里山でもよく見かける植物だ。じつは沖縄でもそれは同様だったという。ところが、この50年の間に、沖縄ではシュロはすっかり姿を消してしまった。そのことをおじいの話で初めて知る。

本土であれ、沖縄であれ、里の生き物たちは「あたりまえ」の存在としてあった。それが、いつのまにか「あたりまえ」ではなくなっている。

僕たちは、もう一度、その「あたりまえ」だった存在を見直してみる必要はないだろうか。僕は、今、あらためてそんな風に思っている。

カバー・本文イラスト＝盛口 満
写真＝安田 守
装幀・フォーマットデザイン＝高橋 潤
本文ＤＴＰ＝株式会社千秋社
編集＝単行本　岡山泰史　文庫　草柳佳昭（山と溪谷社）

盛口 満　もりぐち・みつる
1962年千葉県生まれ。昆虫少年として育ち、奥武蔵にある「自由の森学園」の理科教師を15年間勤める。生徒から呼ばれたあだ名「ゲッチョ」は生まれ故郷の方言でカマキリとトカゲのこと。沖縄移住後、NPO珊瑚舎スコーレの活動に関わる。現在は沖縄大学人文学部こども文化学科教授。著書に『昆虫の描き方』（東京大学出版会）、『ゲッチョ先生のイモムシ探検記』（木魂社）、『テントウムシの島めぐり』（地人書館）、『イヤ虫図鑑』（ハッピーオウル社）、『土をつくる生き物たち』（共著・岩崎書店）ほか。

＊本書は、OUTDOOR21BOOKS ⑫『教えてゲッチョ先生！雑木林は不思議な世界』（二〇〇三年十月、山と溪谷社刊）を底本として一部加筆・訂正し、再編集したものです。

教えてゲッチョ先生！　雑木林のフシギ

二〇一六年二月二十日　初版第一刷発行

著者　盛口 満
発行人　川崎深雪
発行所　株式会社　山と溪谷社
郵便番号　一〇一-〇〇五一
東京都千代田区神田神保町一丁目一〇五番地
http://www.yamakei.co.jp/
■商品に関するお問合せ先
山と溪谷社カスタマーセンター
電話　〇三-六八三七-五〇一八
■書店・取次様からのお問合せ先
山と溪谷社受注センター
電話　〇三-六七四四-一九一九
ファクス　〇三-六七四四-一九二七

印刷・製本　株式会社暁印刷
定価はカバーに表示してあります

Printed in Japan　ISBN978-4-635-04793-7

ヤマケイ文庫

既刊

山野井泰史　垂直の記憶
藤原咲子　父への恋文
米田一彦　山でクマに会う方法
深田久弥　わが愛する山々
山と溪谷社 編　【覆刻】山と溪谷
市毛良枝　山なんて嫌いだった
田部井淳子　タベイさん、頂上だよ
加藤則芳　森の聖者
新田次郎　山の歳時記
コリン・フレッチャー　遊歩大全
上温湯 隆　サハラに死す
高桑信一　山の仕事、山の暮らし
本山賢司 他　大人の男のこだわり野遊び術
小林泰彦　ヘビーデューティーの本

既刊

串田孫一　山のパンセ
畦地梅太郎　山の眼玉
辻 まこと　山からの絵本
岡田喜秋　定本 日本の秘境
関根秀樹　縄文人になる！ 縄文式生活技術教本
小林泰彦　ほんもの探し旅
白石勝彦　大イワナの滝壺
塀内夏子　おれたちの頂 復刻版
伊沢正名　くう・ねる・のぐそ
甲斐崎 圭　第十四世マタギ 松橋時幸一代記
高桑信一　古道巡礼 山人が越えた径
甲斐崎 圭　山人たちの賦 山暮らしに人生を賭けた男たちのドラマ

新刊

盛口 満　教えてゲッチョ先生！ 昆虫のハテナ
盛口 満　教えてゲッチョ先生！ 雑木林のフシギ